【一本书，可能改变人的一世】

【一句话，可能影响人的一生】

· 当代论语丛书 ·

感悟人生酸甜苦辣，洞悉世事曲折纷纭

世事人情想明白——

《人生心语》

刘兵 著

人生心语

北京大学博士生导师 教育家 社会学家

夏学銮 教授写序推荐

人民出版社

策划编辑:张文勇
责任编辑:高　寅　张　燕　王　翔
封面设计:肖　辉
责任校对:史　伟

图书在版编目(CIP)数据

人生心语/刘兵 著. -北京:人民出版社,2015.7
ISBN 978－7－01－015006－2

Ⅰ.①人… Ⅱ.①刘… Ⅲ.①人生哲学-通俗读物 Ⅳ.①B821-49

中国版本图书馆 CIP 数据核字(2015)第 142128 号

人 生 心 语
RENSHENG XINYU

刘　兵　著

人民出版社 出版发行
(100706　北京市东城区隆福寺街 99 号)

北京集惠印刷有限责任公司印刷　新华书店经销

2015 年 7 月第 1 版　2015 年 7 月北京第 1 次印刷
开本:710 毫米×1000 毫米 1/16　印张:21
字数:333 千字

ISBN 978－7－01－015006－2　定价:39.00 元

邮购地址 100706　北京市东城区隆福寺街 99 号
人民东方图书销售中心　电话 (010)65250042　65289539

序

夏学銮

　　清朝被称为"乾隆三大家"之一的赵翼，在盛赞袁牧的才华时，曾用"一个西湖一才子"的精妙诗句，把西湖和才子两相辉映的关系精到地描绘出来；萧国旧邦，其命维新，地灵人杰，交相辉映，在新时代涌现出独领风骚的地域之灵理所当然，刘兵就是这么一位才子。

　　成书于2500年前的古代《论语》，记载的主要是孔子及其弟子的言行语录，是儒家经典著作之一。千百年来，其思想观点一直影响国人一代又一代。而今，刘兵先生的《人生心语》，则是在继承、吸收古代《论语》进步思想的基础上，把他在当今社会生活中所思、所悟、所感、所为，真实而又客观地记录下来，是一部极具现实指导意义的精品力作。该书包括三年前由人民出版社出版他的同类作品《人生悟语》，可以说，独树一帜。这本书从内容上看，属于人生哲学、人生社会学的范畴；从形式上看，采用人生格言、醒世警句和语录的形式，把他对人生和社会的感悟分类、分段落写出来，精辟独到、简明扼要。全书结构共分为十个话题：人生篇、信仰篇、事业篇、品德篇、为官篇、处世篇、交际篇、情爱篇、学识篇、生活篇。篇篇都是每个人、特别是青少年成长的重要话题。

　　每一个人都是天生的哲学家。人经历的苦难越多，哲学思考越犀利；年龄愈大，思考愈深邃。每一个人都是业余的社会学家。作为社会中人，刘兵对于人与社会的关系和其面对的社会问题，必然有他自己的一套看法。因此，这不仅是哲学的思考，同时也是社会学的思考。比如他的"人

生就像一场戏"与"官场如演戏"的观点，就符合社会学"戏剧演出艺术"学派的理论观点。

思维有逻辑思维和辩证思维之分，而本书辩证思维多于逻辑思维。应该说，作者的思考是深刻的，这得益于他多年的基层工作实践。本书不仅具有重要的实践价值，而且更具有一定的学术参考价值。总之，是一本不可多得、催人奋进的励志书。

2013 年 2 月 18 日
北京大学燕北园谨识

（**夏学銮** 系北京大学社会学系教授、博士生导师、美国马里兰大学访问学者、国家教育部中小学教材审查委员、教育家、社会学家）

目　录

人生篇 ·· 1

　人　生 ·· 1

　生　命 ·· 5

　生　死 ·· 7

　命　运 ·· 9

　青　春 ·· 11

　时　间 ·· 12

　价　值 ·· 14

　奉　献 ·· 16

　快　乐 ·· 18

　困　苦 ·· 20

　逆　境 ·· 22

　自　信 ·· 24

　自　我 ·· 26

　本　色 ·· 28

信仰篇 ·· 31

　信　仰 ·· 31

　信　念 ·· 32

　理　想 ·· 34

志 向 ………………………………………………… 37

爱 国 ………………………………………………… 38

真 理 ………………………………………………… 40

希 望 ………………………………………………… 41

想 象 ………………………………………………… 43

未 来 ………………………………………………… 44

追 求 ………………………………………………… 45

奋 斗 ………………………………………………… 47

信 心 ………………………………………………… 49

坚 持 ………………………………………………… 51

意 志 ………………………………………………… 53

毅 力 ………………………………………………… 54

事业篇 ………………………………………………… 57

事 业 ………………………………………………… 57

创 业 ………………………………………………… 59

创 新 ………………………………………………… 60

目 标 ………………………………………………… 63

做 事 ………………………………………………… 64

责 任 ………………………………………………… 68

经 营 ………………………………………………… 72

竞 争 ………………………………………………… 75

勤 奋 ………………………………………………… 78

合 作 ………………………………………………… 81

冒 险 ………………………………………………… 83

机 遇 ………………………………………………… 85

成 功 ………………………………………………… 87

失 败 ………………………………………………… 89

耐 性 ………………………………………………… 91

品德篇 ·· 93

　品　格 ·· 93

　道　德 ·· 96

　人　格 ··· 100

　美　德 ··· 102

　善　恶 ··· 105

　正　直 ··· 108

　孝　道 ··· 109

　宽　容 ··· 111

　诚　信 ··· 114

　勇　敢 ··· 116

　心　灵 ··· 119

　谦　虚 ··· 121

　骄　傲 ··· 122

　尊　严 ··· 125

　奉　承 ··· 126

　嫉　妒 ··· 127

为官篇 ·· 129

　官　德 ··· 129

　正　气 ··· 131

　公　正 ··· 132

　勤　政 ··· 134

　爱　民 ··· 136

　用　人 ··· 139

　威　信 ··· 141

　清　廉 ··· 143

　节　欲 ··· 145

　拒　贪 ··· 147

　律　法 ··· 150

倾　听 ……………………………………………… 152

判　断 ……………………………………………… 153

虚　假 ……………………………………………… 156

处世篇 ………………………………………………… 161

处　世 ……………………………………………… 161

修　身 ……………………………………………… 168

待　人 ……………………………………………… 171

智　慧 ……………………………………………… 174

聪　明 ……………………………………………… 176

习　惯 ……………………………………………… 178

个　性 ……………………………………………… 180

自　律 ……………………………………………… 181

稳　重 ……………………………………………… 183

性　格 ……………………………………………… 185

批　评 ……………………………………………… 186

帮　助 ……………………………………………… 189

赞　誉 ……………………………………………… 191

缺　点 ……………………………………………… 193

愚　笨 ……………………………………………… 195

交际篇 ………………………………………………… 199

交　往 ……………………………………………… 199

交　友 ……………………………………………… 204

友　谊 ……………………………………………… 206

朋　友 ……………………………………………… 207

友　情 ……………………………………………… 208

尊　重 ……………………………………………… 210

相　信 ……………………………………………… 212

礼　貌 ……………………………………………… 213

微　笑 ……………………………………………… 215

幽　默 ·· 217
平　等 ·· 218
理　解 ·· 219
偏　见 ·· 221

情爱篇 ·· 223
情　感 ·· 223
情　绪 ·· 225
理　智 ·· 227
热　情 ·· 229
同　情 ·· 230
挚　爱 ·· 232
忧　愁 ·· 235
孤　独 ·· 237
恐　惧 ·· 239
家　庭 ·· 240
爱　情 ·· 242
婚　姻 ·· 245
烦　恼 ·· 247
兴　趣 ·· 250

学识篇 ·· 253
哲　理 ·· 253
知　识 ·· 259
求　知 ·· 260
读　书 ·· 262
学　习 ·· 264
思　考 ·· 266
相　对 ·· 268
实　践 ·· 272
文　化 ·· 275

进　　步 ………………………………………………………… 278
教　　育 ………………………………………………………… 279
艺　　术 ………………………………………………………… 283
创　　作 ………………………………………………………… 285
积　　累 ………………………………………………………… 287
专　　注 ………………………………………………………… 289
才　　能 ………………………………………………………… 290

生活篇 ……………………………………………………… 293
生　　活 ………………………………………………………… 293
时　　尚 ………………………………………………………… 299
幸　　福 ………………………………………………………… 301
享　　受 ………………………………………………………… 303
金　　钱 ………………………………………………………… 305
节　　俭 ………………………………………………………… 307
贫　　富 ………………………………………………………… 309
运　　动 ………………………………………………………… 310
健　　康 ………………………………………………………… 312
懒　　惰 ………………………………………………………… 314
休　　闲 ………………………………………………………… 315
仪　　态 ………………………………………………………… 316
美　　丑 ………………………………………………………… 319
养　　性 ………………………………………………………… 320
适　　中 ………………………………………………………… 324

由衷的话 …………………………………………………… 327

人　生　篇

人　生

人生是什么？人生就是体验、就是奋斗。

人生就像一路观景，不管你走多远，只要你高兴，一路就美好。

其实，人生是条单程路，走过去就是头，要想返程绝不能。

人要有菩萨的心肠、弥勒佛的肚量，多做善事少积怨，开开心心度一生。

人生的起点是一样的，但最终结局不相同。

人生如同一首歌，不在长短而在优美和动听。

百岁人生若分段：前半生虚度了，后半生就吃苦。

人生最难的考题莫过于如何做人。

人生就像一场戏，越曲折越有看头。

人生酸甜苦辣皆有，缺一样

都不是完全的。

虚度人生轻如鸿毛，奉献为民重如泰山。

常为人做事不图回报、不后悔，乃人生高境界。

人生的路是用脚步丈量的，每走一步都要留下自己的脚印才行。

人生无处不坎坷，人无坎坷不精彩。

人生不走回头路，走一步看三步，稳步前行。

人生就是一场比赛，从起点到终点，决定胜负的关键在实力。

坎坷的阅历，可以托起成熟的人生。

人，就是一部历史，其一生好坏，全由自己记载。

不同的人格演绎不同的人生。

人的一生不能不遇一次坎，不受一点波折的人生不存在。

人人都有挫折，只是大小之分。没有挫折，就没有人生。

虚度年华，实际上就是缩短人生。

人生如打牌：牌好，打赢不算本事；牌坏，打赢才见真功。

人生不可设计，但人可以确立自己的目标追求，并为之奋斗、矢志不移。

没有经历磨难的人，没有资格谈人生。

人生就像演戏一样，由主角变配角这很正常，不必哀叹时运不佳，也不必怀疑他人捣鬼。只要你能心平气和地演好配角，那么，你就会向众人证明你无论演主角还是演配角都是好样的。

人生历来都有高潮和低潮，谁也不能一帆风顺。心理素质差的人因低潮而失去信心、把自己搞垮，而心理素质好的人则能以此来转移、排遣不利的一面，等待高潮的到来。

在人生的跑道上，只能变速，不能停止。

人生如就餐，满桌子的美味佳肴，一起就餐的人却能吃出不一样的味道。

人生的苦难对有杰出贡献的人来讲，更多的是对其心志的锻炼，却无法摧残其意志和才智。

一个人能以出世之心做入世之事，方为人生高境界。

对一个人来说，既能勤奋工作，又能使自己的生活充满快乐，这才是真正的和美人生。

人生如戏剧，高潮不常驻，谢幕总有时。人只有依据变化了的环境、适时进行角色转换，才能把自己的人生之戏演得更精彩。

人生的快乐不是索取，而是付出和给予。

人生耽误不起，耽误了就等于白活。

敢于尝试失败的人生比碌碌无为的一生，活得更有意义、更精彩。

人生起点别轻视，错一步往往就会导致一生不顺。

一个人如能回忆往事不愧心，一生也就足矣。

人生如爬山，每爬一步，就有一步的高度。

人生就像一首乐曲，真、善、美就是这乐曲上最动人的音符。

经历人生而不虚度，才是真正有意义的。

人一降生就吃苦，吃尽苦头甘自来。

人生很短暂，但无聊地活着显得更长。

记住：人生不会完全彻底"荒芜"，看似有些"不毛之地"，不是没有宝藏，而是缺少发现和开掘。

完善自我是不可或缺的人生追求。

空谈人生不做事，枉来人间走一次。

人生就像一台车，速度快慢，全由自己把握。

一个人不要幻想生活总是那么风平浪静，也不要幻想在生活的四季中享受所有春天，人的一生必然会遇到一些磕磕绊绊、沟沟坎坎，历经磨难与曲折、品尝苦涩与无奈，这就是人生，谁也无法逃脱。

人生需要完美，但不完美才是人生。

世界多精彩，如果每个人能活出不同的人生，那就更精彩。

人生不因输赢而有意义，如同下棋一样，要的是一种享受和学习的过程，并非赢了才光荣。

一个人如果不能正确对待人生，那么，他的一生就将变得既无趣味又痛苦。

人生是五彩斑斓的，单调的吃喝玩乐不是真正的人生。

人生有许多拐弯抹角的地方，唯有辨明方向，才能少绕弯子走正道。

说起人生，从头到尾，曲曲折折才真实。

人生不虚度，年华硕果丰。

人生是美好的。若不好，是因为你没把握好。

人生就是一连串不停的奔波，既有坎坷、泥泞，又有坦途、顺境。只要你不畏艰难、勇往直前，你的人生之旅就一定能给人留下美好的记忆。

一个人如果能锐气藏于胸、和气浮于脸、才气显于事、义气示于人，你的人生之路就会越走越顺、越走越宽。

一个人只有摆正自己的位置，不错位、不掉队，才能在人生舞台上扮演好自己的角色。

生　命

人的生命不在长短，而在于活出价值。

记住：不管遇到多大的事情，都不要拿生命做赌注。

从生命的起点到终点，人人都能达尽头，但每个人所走的路径不一样，其最终的结局也各异。

贪杯好饮毁身体，生命岂能当儿戏。

生命是秒针的累加，活一秒就少一秒，珍惜生命比什么都重要。

生命不会永存，美德才传久远。

希望是生命之根。人没希望，活着也没意义。

在世上，最重要的莫过于人的生命，善待自己的生命就是营造自己的事业；你离功名利禄远点没关系，只要离快乐近一点就好。要知道，一生快乐，是再多钱财也无法买来的。

其实，生命也要感谢。现实中，为什么有的人对生命抱怨很多，其原因就在于内心得不到满足、奢望太多。当一个人真正知道感谢生命时，快乐自然就会与你形影不离。

人总有一天会走到生命的尽头，什么金钱、官位、财富等等，一切都如过眼云烟。唯有精神富有，才是人生应该追求的一种超然境界。

一个人要懂得生命之迂回，在机会没有的情况下，要善于储存自己的智慧和才能，而不要作无谓的牺牲和浪费。因为，适当保存自己的生命价值是非常重要的。

生命的圣洁离不开爱。爱使人性提升，并能以超凡脱俗的眼光看世界。

生命是自己的，也是社会的。社会需要你，你就应该慷慨而为之，绝不退缩。

生命的长短由不得自己安排，但珍惜生命、关爱健康全由自己掌握。

生命的长短不能预料，但生命的价值可以创造。

生命虽短暂，但努力了，生命就会拉长。

有病不畏病、敢与病魔作抗争，这才是一个人对生命持有的积极态度。

人稀罕生命，又不珍惜生命，实属愚蠢。

生命不重来，历史可重演。

人的生命既有起点也有终点，生死去留难占卜。唯有珍惜生命、奋发进取，才能真正体现自己的生命价值。

谁能保持年轻的心态，谁的容颜就不易衰老，生命之树就会常青。

生命的火花在苦难的折磨中闪得更亮。

生命只要能承受住压力，才是顽强、旺盛的。

人不可能在有限的生命和有限的精力中达到无限的欲求。

人生苦短，活在世上就要好好珍惜生命，不要贪图权势、自酿苦酒。

人活在这个世上，不免有迷茫、惆怅和感慨，这很正常。正是因为有了感伤和遗憾，人们才对生命抱有期许和敬畏，对生活才充满希冀和眷恋。

因为害怕死亡，所以，人对生命才倍加珍惜。

人生如旅程，旅程走完了，人的生命也就完结了。

原始或"本质"的才是真实的，真实才具生命力。

气血，对人的生命起决定性作用。人没气血，生命也就没有了。

世上所有的一切都比不上生命重要。

生命之光在磨砺中闪烁。怯于磨砺，生命的存在就毫无光泽。

能不断地充实生命内容的人生价值才更高。

生命的意义在于价值的创造，人生的快乐在于创造的快乐。

生命似弹簧，越挤压越有韧性。

人对生命有敬畏，就不会做出有损道德底线和违法犯罪的事情来。

生命不息，搏击不止。

人只有断了最后一口气，生命才算完全终止。

生　死

人活着就要前行，停止了就意味着死亡。

其实，人就是这样：一天天走向终点，谁也无法绕过这条道。

短兵相接，勇者生、怯者死。

人活需要物质，但绝不能纯粹靠物质；人没精神了，就等于活着的死人。

对有益于社会的人来说，即使死了，其精神仍然活在众人心中。

人最可悲的是，人活精神死。

生是偶然的，死是必然的，活着就要活出个样，不枉世上走一趟。

生为社会做善事，死不愧对世间人。

人坏心黑早死亡，人好心善寿命长。

人记死里逃生的教训，比记什么都刻骨铭心。

人没精神支柱、没有灵魂地活着，就如同行尸走肉；活着为了大多数人更好活着的人，即便死了，他的精神和力量仍留在人们的记忆里，激励和鼓舞后来人更好地活着。相反，人真的就死了，并且死得毫不足惜、轻如鸿毛。

为人类的事业而死，死得光荣。

有时，一句点拨启发的话，足以让寻死的人放弃轻生的念头。

人不能为活而活，要活出名堂、活出"精彩"的自己。

其实，死又何惧？既是正常，也是放松。

为知己者死，死而无憾。

有的人就能想开：活着快乐，活一天就快乐一天！

悲观没有开心的，寻死都是想不开的。

人活要有尊严，即便死了也体面。

人心死了，一切希望也就破灭了。虽说人还活着，但不过是个酒囊饭袋而已。

人，只有将短暂的一生投入到火热的生活之中去，才能在生命终结时心无遗憾。

每个人都要在生与死之间的路程上走，但留下的足迹不一样：有的辉煌，有的凄凉。

谁轻生谁愚蠢，绝路总有逢生处。

不再爱人的人，实际上就是活着的"死人"。

对有正义感的人来说，只要死得其所，死又何妨？

月缺有圆时，人死难复生。

死，看开了，只不过是另一个去处，没啥可怕的。

人活需要钱财，但不能仅仅为钱财而活着。

有些事别想那么多，好好活着比啥都好。

人遭不测要想开，不能因一次断炊就去死。

人不要活在别人的眼光里，要活就活出个自己来。

关键时刻，只有不怕死的人，才配活着。

死对每个人都是公平的，但对活着的人之间并不公平。这不要紧，关键是要保持平常心，心平方能寿长。

生活中，有的人死了惋惜，有的人死了活该。

人怕死的根源就是没活够。

突发身亡无痛苦，久病而死痛苦长。

生死决斗，谁失手谁死亡。

人死不能复活，活着的人就要好好地活。

仗义之人虽死犹荣，无义之人虽活而耻。

为正义身亡，黄泉路上也潇洒。

先把死想清楚了，才能活得充实、活得明白。

命 运

人的命运就这样，在你不经意的时候，什么事情都可能发生。

对坎坷命运的抗争，谁顽强，谁就能取胜。

转运靠自己，拼搏有希望。

因为我不信命运、只信自己，所以命运拿我没办法。

好运不进弱者门。

面对不可抗拒的灾难，如果无力回天，那就只能坦然面对。

不信命运信自己，不去奋斗福不来。

命运这东西，你能战胜它，它就归顺你。

人处于困境、挫折甚至不幸的时候，不要抱怨命运不佳。因为，抱怨只会增加人的心理负担，不会帮你解决任何问题，反而会把事情搞得更糟。

人要做自己的主人，不要老踩着别人的脚跟走，不要老受他人的摆布和控制，要自己主宰自己、驾驭自己，使自己真正成为掌控自己命运的主人。

命运靠知识改变，未来凭自己书写。

一个人时运不佳，往往是因自己准备不足而造成。

命运的改变靠自己，听天由命是消极、绝望的。

谁把生命托付给别人，谁就成了命运的奴隶。

命运不会给人带来什么，也不会不给人带来什么，关键就靠自己把握了。

人的一生命运，有时一个瞬间就可决定。

命运往往就是这样：你越依赖她，她越远离你。

幸运光顾有心人。

命运非命定，好运在人为。

命运喜勇士而厌懦夫。

好运是从平常不经意间的积淀而来，绝非祈祷就能有。

挑战命运，才能战胜自我。

人就应该坚强起来，扼住命运，而绝不让命运摆弄自己。

命运不是机遇，而是选择。倘你改变不了现实，那就改变自己。

青 春

青春的活力在于利用。

耽误不起是青春，虚度青春自受苦。

谁能意识到青春一刻值千金，谁就不会消磨时间去浪费青春。

青春似金，错过了，身无分文。

青春难久留，一晃就逝去。

荒废青春地，难收一粒粮。

青年乃世界的未来与希望。赢得青年，就等于赢得未来和希望。

青春之所以美好，是因为它充满生机、蕴育上升进取的力量，是实现未来美梦之所在。

年轻是个优势，优势应当发挥。

世故的人，易老；新潮的人，年轻。

人生难遇百年春，越到年老越奋进。

青年是世界的未来，没有哪一种力量能替代青年一代。

青春怕耽搁，岁月不等人。

青春不可有一日虚度。因为，未来的重任由青年人担当。

人虽不能永留青春，但可以拥有青春的心态。

谁辜负青春，谁遗憾终身。

青春之光四溢，耽误了就会熄灭。

青春太短暂，虚度如自残。

青春活力足，别虚度，一晃就过去。

心老人最老，心不老者人年轻。

年轻时播种，年老时收获。

朝气最宝贵，人没有朝气就消沉。

当下青春当下用，莫到年老再悔恨。

青春无悔，既重参与，又重过程。

青春人人有，有的人平淡，有的人出奇，关键在自己。

心理年轻，人年轻。

青春的活力是捧打不倒的。

青春充满活力，活力焕发青春；青春做事，事事成金。

谁浪费青春，谁就白活一世。

无论干什么事情，只要年轻时能抓住，到老了就不会有什么遗憾了。

人年轻是个优势，但不能老年轻，总有一天会变老的。所以，抓紧年轻的时候多做些事，免得到老时有遗憾。

年轻时不做事，到老了最凄惨。

青春是短暂的，为其付出而创造的成果是长久的。

人一辈子没有两次青春，要珍惜莫错过。

青春宝贵，人老体会更深刻。

时 间

人不要在失误上唉叹，要抓紧时间弥补失误才对。

陨石落地难归天，光阴逝去难复返。

别忘了，不过今天，就没明天；今天是当下，明天是预计。

时间抓不住、望不着，耽误了就不会再来。

时间贵似金，寸阴胜寸金。

时光好比山涧水，只能下淌不上流。

时间如同一张网，撒到哪里，哪里就有收获。

时间可以帮人忙，也可扯人腿，关键就看你如何利用的问题。

时间对勤奋人来说是财富，对懒汉者来说是包袱。

时间能换来钱财，但钱财无法把时间买来。

惜时间也就是积财富。

谁嫌时间不够用，谁就有了紧迫感。

没空的人总嫌时间紧，闲懒的人总怪时间慢。

从某种意义上说，珍惜时光，就是对生命的延长。

"眼下"最金贵，千万别虚度。

人生短暂，不要把时间消磨在无聊的闲扯上。

花可重开，光阴难留。

谁懂得时间的价值，谁就不会抛洒时间图安逸。

时间是个奇妙的东西，它可以创造无尽的钱财，也可以创造无价的亲情，关键就看你如何分配。

时间可以抹去许多记忆，但永远抹不了初恋时的那种温馨、美好与感动。

时间能消除一切仇恨和烦恼。

"昨天"莫遗弃，"今天"更重要，谋划"明天"别忘掉。

时间最犟，谁也无法叫它回头。

勤奋的人，哪怕浪费一点点时间都心疼。

时间太贵重，时间不等人。

凡抱怨时间不够用的人，往往都是一些勤奋的人。

惜时贵似金，撒手就散尽。

因为人不能永生，所以时间对人来说是宝贵的。

谁"荒废"了时间，时间就会"荒废"谁。

不要和时间较劲，要抓紧时间弥补失去的时光。

谁对时间最吝惜，时间就多付谁报酬。

时间对懒人来说，永远是个无效时间。

你要对得起时间，你就要分分秒秒不浪费时间。

时间在懒人那里一文不值。

逝去的时光无法挽留，珍惜当下是多么重要。

谁浪费时间，谁的生命就毫无价值。

珍惜时光、善待人生，是最赋生命底蕴的交流话题。

时间能将人的伤口抹平，但它无法帮人抹去受伤时的疼痛。

时间会浓缩成就，也会叠加矛盾，关键要用正确的眼光来审视。

价 值

人的职位、能力不同，其创造的价值就不同。

人的价值因人所处的位置不同而有别。

人生的意义在于，活一天就要有一天的价值。

人活在世上，要活出个价值、活出个新的自我。

人的价值是由自己的实力决定，并非靠做秀就能获得。

一个人要坚信自己的价值，并善于为自己加油、鼓劲，你的人生才精彩、才富有意义。

一个人只有跳出生命的狭小圈子，并积极投身到火热的社会之中去，才有可能实现自己的人生价值。

人活着不只是为了自己，人存在的最大价值在于被他人需要。

就藏品来说，时间远近决定它的价值。

生命的价值有大小，贬值都是自己造成的。

人生的价值体现在人对工作的态度和努力的结果上。

人活没价值，粪土都不如。

谁能找准自己的强项，谁就能少走弯路，并有利于自身价值的实现。

当一个人的自身价值充分释放出来的时候，该有的位子总会有的，不必为官位而你争我夺、互不相让。

人的价值有多重，绝不能以尺量斗装，关键就看其一生为他人、为社会做了哪些有益的事。

知道生命的价值，人活着才有奔头。

干，决定价值；不干，分文不值。

体现人生价值的真正意义，就在于多付出少索取，甚至不索取。

谁把精力耗尽在游戏人生当中，谁的人生就毫无价值。

行动决定价值，能力使价值增值。

一个人有没有价值，就看你的努力和能力。

能把自己做的事情做好，并对社会有用，就是最大的价值。

人生能在不同的阶段展示不同的风采，人才真正活出了价值。

人生的价值在于他人需要，尤其是社会需要。

人的价值能在每一天中体现，那是最为可贵的。

价值只有在相互比照中，才能考量出来。

批评需要理性。没有理性，批评就带有偏私性和随意性。因此，理性应成为批评者须臾不可忽视的一种价值坚守。

经历酸甜苦辣而获得的人生价值，才值金值银。

人生的价值也分阶段：少年、青年、中年和老年，但最宝贵、最出成果的当数青年阶段。

一个人能心无旁骛、全身心地投入工作，才能有更多的时间做更有价值的事情。

人生短暂而不失精彩，说明人已活出了真正价值。

奉　献

作人梯自当乐，甘奉献无怨悔。

功在人心，不在碑文。

奉献彰显人最美。

能在历史上闪出光点的人，都是为社会作过贡献的人。

为官者的生命在老百姓那里延续，为官者的价值在老百姓那里体现。

为民甘愿苦吃尽，功名利禄皆可抛。

不求留名于世，但愿为民造福。

愿洒汗水浇桃李，桃李芬芳自欣慰。

不为功名争高低，但为人类作奉献。

不图留青史，但求多奉献。

船锚甘心沉水下，奉献自身为他人。

人影响人、人教育人，一生从教，终身无悔。

人人为我，我为人人；人不为我，我也为人。

不图名利，只图事业，为国为民，多作奉献。

人比待遇，越比人越低；人比奉献，越比人越高。

在某种情况下，付出是为了收获，没付出就没收获。

故乡，生我养我的地方，能为家乡出力，乃我一生荣光。

能把自己的聪明才智无私奉献给国家和人民的人，才是最让人敬佩的人。

从某种意义上说，功夫没有白费的，有付出就有收获。

你能使劲地把毕生精力投放给社会，你就值得骄傲。

懂得付出才拥有，不付出一无所有。

退休不退志，退休就是拐点上的再奋进。

别忘了，美好的获得往往需要付出艰辛的代价。

学会付出，既是一种彰显人性本质的体现，也是一种处事智慧和快乐之道。

我的才华并不大，但我愿把我所知道的有用的东西写出来奉献给社会。

退休不退志，人近黄昏洒余热。

一个人的学识是微不足道的，

但我愿把自己所学的一点知识传授给别人，毫无保留。

一个人不比别人多出力，他的贡献也就不比别人多。

请你要弄清：付出越多，收获越大；索取越多，收获越小。

人活世间留什么？留清白、留正义、留业绩。

活为人类作贡献，死为泥土增肥力。

别忘了，推动社会进步人人有责，人人都要为之作出自己的努力和奉献。

一个人对社会有没有贡献，自己说不算，别人比你看得更清楚。

快　乐

多看人家的优点，别人高兴、自己也快乐。

有些事自己能做到，而别人做不到，本身就是一种快乐和自豪。

与多疑的人共事，难有快乐。

工作虽忙，但人充实就快乐。

老对往事耿耿于怀，就会形成新的不快。

有些事往往就是这样，快乐总在放弃后出现。

心是快乐的根，心不快乐是装乐。

快乐在内心，外吵又奈何？

快乐难储存，即时快乐即时幸福，抓住眼下不错过。

一个人的真正快乐，不在于做事一定要挣多少钱，只要你能在这个过程中感受到快乐和幸福，

那你就是快乐、幸福的。

一个人要学会付出，善意地看待这个世界，快乐就会陪伴你身边。

乐而忘己，才能尽兴。

要知道，给人快乐并从别人的快乐中分享快乐，这才叫无比快乐。

快乐，乃一切财富无法替代。

愉悦是一种心理感受，能否愉悦全靠自己决定。

快乐是什么？快乐就是珍惜自己所拥有的一切。

没有快乐也就没有生活。

不为不愉快的事情不高兴，乃乐观之人。

紧张的工作之后，有一些娱乐活动，是最好的精神放松。

快乐占上风，烦恼自扫地。

忧虑存心人憔悴，快乐心情人健康。

开心是郁闷的解脱、劳累的放松。

谁能在自己不愉快时而能给别人带来快乐，那谁的人生境界就越高。

高兴是解闷的良药。

自娱自乐是兴致不衰的动力。

学会发现和珍惜自己的闪光点，不仅需要用心，而且是件快事。

多钱多烦恼，无钱也快乐。

谁能排除压力，谁的心情就好，谁就过得快乐。

烦事缠身的人不会快乐。

有节制、有意义的娱乐，是一个人的聪明做法。

学会坦然，既是一种放松、一种自信，更是一种潇洒和快乐。

愁眉苦脸心纳闷，喜笑颜开来精神。

其实，快乐和幸福并不只需别人给予，重要的是要自己争取。

而争取的办法，有时只需改变一下自己对身边人、事、物的态度即可。

有虚荣，不会快乐。

困　苦

别忘了，苦难也是一门必修课。

艰难困苦是一个人成长的必经之路。

就某种意义上讲，人生最大的苦，就是没有吃过苦。

穷点不可怕，怕的是没志气；苦点不要紧，要紧的是不怕它。

苦难使理想生辉，孤奋让事业有成。

人所遇到的挫折、困苦，往往就是自己的一笔财富。

人从痛苦中走出来是幸福的，但由幸福跌入痛苦中，那就让人难熬了。

苦是甜之源，没苦就没甜。

有艰辛，才有甘甜。

困难如烈马，驯服了任你骑，驯不服就伤你。

苦难是走向成功的第一步。

奇迹大多都在艰难困苦的环境中出现。

其实，苦功苦功，有苦就有功；功从苦中来，无苦就无功。

怕吃苦的人，一遇困难就后退。

万事开头难，没事就不难。

不体验困苦，就不知幸福。

谁拒绝苦难,谁就不可能拥有幸福。

困苦造就坚强。

一个人能承受住任何困难和压力的打击,你就是个坚强的人、能负重前行的人,你的人生才精彩。

痛苦与幸福都是一种感受,只不过前者让人感受更深。

苦难也要感谢,因为它使你变得更坚强、更勇敢,更让人难以摧垮。

人苦总有出头日,吃尽苦头甘自来。

人遇困难不要怨天尤人、丧失信心,只有直面困难、勇于挑战,才是智者的选择。

苦难脚下踩,幸福跟上来。

不把困难踩脚下,困难就会把你打趴下。

敢接受痛苦,就不怕困难。

痛苦莫过于往伤口上撒上一把盐。

连一点苦都不能吃的人,别指望他能去干什么事。

少年吃点苦,一生有好处。

人间不该有困难,没困难就不是人间。

几经艰苦磨难,才能铸就老练。

苦难是人生的老师,没有苦难,也就没人教你学会生活的知识。

一个人能长年累月重复一种枯燥而繁杂的工作无怨无悔,那才叫了不起。

不过苦日子当然好,但别忘了,苦也能给人带来"好处"。

每一次痛苦,都是一次幸福的前兆。

记住:不吃苦会吃苦,吃点苦头有好处。

人，一辈子一点苦没吃是没有的，但吃一阵子苦是常有的，而且也是难免的。

困难多于幸福，磨难多于享乐，这是生活，也是人生。

逆　境

有的人就是这样，不被逼到绝路上，往往就没大作为。

常在顺境待惯的人，一遇挫折就颓废。

有能力改变逆境，无能力死于逆境。

温室里长不出壮苗。过惯了富裕生活，一吃苦就得抱怨。

最坎坷的人生，造就最辉煌的成就。

走惯直路的人，一遇岔道就迷茫。

得意不自傲，失落不气馁。

人受打击不沮丧，走出逆境最坚强。

困难最欺软弱人。

挫折为成功奠基，走出低谷，就是高地。

受过挫折比不受挫折的人更能吃苦、更坚强。

恶劣的环境更需要坚定的意志和信念，不然就会被打趴，甚至被吞噬。

困难越多越重，越能磨砺、成就人。

在困境中摸打滚爬、顽强拼搏不气馁，闯出去就是一片天地，若失败了也令人折服和敬佩。

其实，经历风雨、经历阴暗，饱尝挫折、饱尝苦难，这些都为

你今后事业的成功奠定坚实基础。

要知道，视坎坷、苦难为笑谈，才是人生大智慧、高境界。

挫折是一笔不可多得的财富，厄运只会把那些畏惧它的人打趴。

一个人处于绝境而能敢于承认绝境，这不仅能松弛自己的情绪，而且能促使自己想方设法摆脱绝境。否则，就只能死于绝境。

天无绝人之路，唯有自己寻绝路。

遇事不绝望，事才有希望；绝望不轻生，说明人聪明。

身处顺境易麻木，麻木最易遭灾祸。

挫折和磨难教人醒悟，并且是让人走上正路的最好学校。

身处逆境而不丢希望的人，一定能攻克难关，取得胜利。

身处逆境而能有所醒，这是一件很不容易做到的事。

处逆境就颓废、见困难就躲避，这种人绝没有什么大出息。

艰难、坎坷怕什么，它就像前行的路上有块石头，搬掉它，路就畅通了。

人在逆境中，就怕不争气。

学风筝逆风而起，遇阻力迎难而上。

温室里长不出壮苗，顺境里经不住打击。

过惯舒服日子的人，一遇逆境就消沉。

环境优越易颓废，艰苦生活磨砺人。

大自然威力无比，只能顺从，无法抗拒。

对一个舵手来讲，在险浪起伏、暗礁不明的航道上航行，牢牢把握住准确的方向，本身就意

味着必须求进。不进则退，不前行就没有出路。

抗压脆弱的人最易绝望，内心强大的人难被打趴。

自　信

不信自己，别想成功。

不要老依赖别人，做一回真正的自己。

自信是成功的先导。

自信在有能力的基础上最有力量。

看一个人做事能否成功，别的不看，光看他有没有自信和毅力就知道。

自强才能自立。依赖别人，不如依赖自己。

自信由能力支撑。人无能力，也就无所谓自信。

人不能自己限制自己，这也不行那也不能，要相信自己有能力把事情做好。要知道，人不自信，一事无成。

事实上，自信并不是孤芳自赏，也不是骄傲自满、盲目乐观，真正自信的人能够看到自己的强项或不同于他人的一面，并能用恰当的方式进行自我肯定、展示和表达。

生活中有些事不能看得太悲观，或许它也并没有什么大不了的，只要你自信能行，困难总会让路的。

一个人不能光知道欣赏别人，也要注意欣赏自己；自己连自己都不欣赏，那么，谁还会欣赏你？

自信是人走向成功的支柱和靠山。

决心的力量是强大的，生命的潜力往往能在人的决心里得以

充分挖掘和释放。

自信比金钱、权力、地位等更有力量，是人们从事某项事业最可靠、最重要的资本。

信心缺失的人，就像一根受潮的火柴，很难燃起自信的火焰。

自信者是攻克困难的勇士。

别忘了，乐观自信是战胜困难、走向成功的法宝。

一个人如果缺乏自信心，就会缺乏探索事物的主动性、积极性，其个人能力的发挥，也就因缺乏自信而受到限制。

自信不自满，要强不逞强。

自信是一种心理状态。它可以通过自我加压、激励、暗示等建立并培养起来。人，一旦拥有自信，就会百折不挠、愈挫愈奋，直至成功。

不自信就能战胜困难，纯属胡言。

记住：人可自信，不可自负。

一个人对自己充满自信是应该的，但一定要注意，过分自信就会变成自负。如果是这样，那么对自己今后的成长和发展，就十分不利了。

凡遇事大包大揽的人，大多都自信并有一定威信和实力。否则，自己也不敢、别人也不信。

轻视自己、看不起自己，实属自卑人的显著特征。

性格软弱的人大都缺乏自信，没有自信，干什么事情都不能成功。

把任务交给我，请放心，我能行！这就叫自信。

一个人自认能行、敢于拼搏，就有可能取得成功。不然，你和普通人就没有什么两样。

人，不能盲目自信。自信应建立在对自己科学评价和认识的基础上。

凡事每个人都有自己的看法，实在没必要因为他人的说教而改变自己的观点。

人为什么做事能成功，最重要的原因之一就是自信。

干事不自信，别想事干成。

快乐自信是走向成功的推进器。

自 我

人的立足点是自己，自己立不住，别想能站稳。

人贵自知，还要自识。

人不能自主，就不能自立。

自我教育比他人教育来得快、更见效。

实实在在的自己，才是真正的自己。

太肯定自己的观点和看法，多因自负造成。

关心别人，也别太辛苦自己。

跌倒了，自己能爬起，才让人佩服。

能把自己管好比管好别人更重要。

太关注自己的人，就很少关注别人。

胜己比胜人更难。

与人置气不如争气，靠人不如靠己。

谁不能超越自我者，谁就难成功。

世上没有救世主，自己的事情自己做主。

做最好的自己，既要有信心，更要有实力。

改变自己比改变他人难得多。

要想评价别人，首先评价自己。

人要自己主宰自己，不能老让人家牵着走。

自己的短处自己知道，认清自己比认清他人重要。

自卑是心灵的羁绊，是一种压抑和恐惧。不松绑，心灵就无法得到解脱。同时也很难建立自信、战胜自我，永远处于低迷状态。

业靠自己创，路靠自己走，凡事都要自己设计自己为，不要依赖别人帮。

去虚求实，做真实的自己。

如果一个人能有一个强大的心理做后盾，那么，他就能做到事能淡定、"我"能超越。

一个人只有控制住自己，才能控制住压力，让压力在你面前俯首贴耳。

不依仗别人，做自己的主人。

站在自己的对立面，而能清醒地认识自我，这才真正认清了自己。

自己认识自己远比他人认识自己更重要。

人的一生好坏全系自己身上。

谁能找到真实的自我，谁才能把真实找回来。

认清自己、定位准确，是实现人生价值的关键一着。

征服自我最真实、最伟大。

安全操纵在自己手里。

看"轻"自己比看"轻"别人更清醒。

能把自己看清楚，天下的事情就不在话下。

人本原自然，应回归自然，才能找到真实的自我。

想要控制别人，首先学会控制自己。

不要把自己看得过重，否则，就自找没趣。

人，只有活出个自己来，才能像人样。

只要战胜自我，就能攻下别人。

人的最大悲哀就是不能认识自己，人要幸运就得自己掌控自己。

虽说自我欣赏是增强自信的一个重要方面，但如果过分自我陶醉，表面上似乎增加了自信，那么，实际上却会迷失自己，以至落得他人耻笑。

当你撕掉虚荣的面纱时，真实的自我也就回来了。

本　色

平凡的人能做出不平凡的事，那才叫英雄本色。

历史的丰碑能记你一笔，那你就了不起。

是英雄不惧险恶敢上前。

不当逃兵当勇士，不当叛徒当英雄。

伟人与常人不同的是，苦吃的多、罪受的大。

生活中，人们选择什么样的榜样，一般都是根据各自需要和现实情况而定的。只有将榜样还其原有面目，才能使榜样的作用发挥更久长。

多做少说是给人做出样子的根本。

带头，来自自觉主动的行为。

就公仆来说，不管职务如何变迁，为人民服务的本色不能改变。

勤恳劳作、无私奉献的人，才能称得起时代英模。

不埋名、不改性，敢做敢为不惧邪。

一个人能在关键时刻，为了正义和人民的利益，敢做他人不敢做的事，这就是英雄。

岂不知，众人中最杰出、最让人敬佩的人，就是英雄。

懦夫成不了英雄，英雄是懦夫的克星。

有险恶才有英雄。

越是逆境越看奇才，越显英雄本色。

谁敢挑战自己的极限，又不为夺冠而伤害健康，谁才是真正的智者和勇者。

打败天下无敌手，没有真功怎能行？

一个人如果轰轰烈烈地奋斗一辈子，到后来因某件事情处理不好而导致失败，那么用辩证的眼光来看，此人的一生仍是伟大的、悲壮的，很多东西仍值得他人学习、效仿和借鉴。

勇在险中显，无险英雄难涌现。

做英雄既需要天分，也需要机会。纵有天分而没有机会，那是成不了英雄的。

叫别人咋办、自己就得咋办，而且做得比别人漂亮才行。不然，既没号召力，也没说服力。

勇与智加起来才成将才。

号令者更应做表率。

干工作受指责而能继续坚持，乃奋斗者之本色。

完美无尽头。一个人只要活出了本色，也就达到了完美。

信　仰　篇

信　仰

人的脊梁可折断，但人的信仰难粉碎。

不管你持什么立场，只要你能和人民大众站在一起，就是正确的。

没有信仰，就没有追求。

为长城砌石固基，保国家长治久安。

对待信仰也要像攻坚克难一样，需要韧劲和勇气。

信仰决定追求，追求需要实干。

信仰痴迷，胜过生命。

有信仰就要去追求、去拼搏到底。

实际上，信仰就是一个人的精神支撑，是对人生观、价值观、世界观的持有。不同的信仰，反映的是不同的世界观，同时也能体现出一个人的生命宽度和厚度。

说到底，信仰就是对崇高价

值目标的敬仰和追求。

信仰是人生的灯塔。

人贵有精神信仰。要知道，节高则气壮，节破则气消。没有信仰，人就没有脊梁。

理想信念是人生的动力，是奋发向上的精神支柱和力量。

信仰，也就是人们所说的心中偶像，是人想追求达到的一种美好象征。

信仰让人添精神。

信仰铸就坚强，坚强给人力量。

富贵虽重要，但信仰比富贵更重要。

前程必须建立在信仰之上，没有信仰，人的前程就会茫然或断送。

立下信仰，就要忠诚。忠诚不是一句口号，而是一种品质、一种行动。

人没有信仰，也就没有追求和希望。

对信仰越坚定，越能干出大事情。

人没信仰，如同人没骨架。

没有信仰，人就茫然和空虚。

信仰在危险面前从不退缩。

有信仰，就有追求的力量和念想。

有信仰，才能创造人生的辉煌。

信　念

信念不坚，做事不成。

事要人做，路在人走，看准了事情就要坚定不移地走下去。

根基扎得牢，岂怕狂风嚎。

对事业的执著，实际上就是人的意志与犟劲在事业上的彰显。

拷打不改姓，断骨不更名。

做某件事，只要信念坚定，并能找准办法，即使困难再大，最终仍能如愿。

唯有信念已定，做事才能坚持到底。

信念是一种力量，而且是巨大的力量。

信念是力量的源泉，是一种无坚不摧的力量。谁拥有坚定的信念，谁就不可战胜。

信念是心中之灯，无论在哪里都一片光明。

只要你能坚持并抱有"凡事皆有可能"这种信念和希望，你就能创造人间奇迹。

谁缺乏信念，谁就对未来的生活失掉希望。

当人失去生活勇气，即将走上绝路时，一旦信念走来，它能一把将你重新拉回人间。

宁愿在艰辛中死去，不愿在快乐中偷生。

每个人都有自己的职业、岗位，有自己的兴趣、爱好，也有着不同的生活经历和道路，但对胸怀大志、具有崇高使命感的人来说，为人民服务就是我们的共同语言、共同信念。

信念是人们对某种目标进行暗自追求的一种确信态度和看法。如果一个人有了足够的信念，那就能够实现其心中所要追求的那个目标。

没有任何东西可以摧毁我对国家和人民的一片忠诚。

人没信念就做不出惊天动地的事情来。

坚定的信念是战胜一切困难的强心剂。

在极为困难的处境下，信念

能起决定性作用。

没有信念，再好的梦想也难以实现。

人越是在价值多元的时代，越是要有坚强的鉴别能力，越要树立起坚定的理想信念，并承担起时代所赋予自己的神圣职责。

人有信念，才能创造事业上的卓越和辉煌。

越是在迷雾迭障的环境下，越要保持清醒头脑、辨明方向，坚定信念不动摇。

理　想

理想是人生的太阳。有了理想，人生就充满光明和希望。

梦美不干终归梦，圆梦要看真行动。

美梦一旦与行动对接，就会变得更精彩。

黑暗过去即黎明。

没有理想的生活是枯燥、乏味的。

空想的东西不难，难的是实际得到。

攀上最高处，才见好风景。

理想越大，越要加大做的力量。

理想之花靠实干绽放，信念之坚靠意志支撑。

理想是力量的源泉。理想越大，泉水越旺。

有理想，就有力量。

高楼万丈平地起，根基不牢难矗立。

梦在心而始于足。

理想和幻想不同：一个是将来事实的预言，一个是凭空无果的奢求。因此，要理想不要幻想，要实干不要偷懒，理想有根、幻想无基。

理想随境遇的变迁而变化，不同的人在不同的年代有不同的理想，同一不变的理想既不现实，也不存在。

人的理想不同、大小各异。但不论什么样的理想，如果失去了崇高的色彩，那就失去了应有的价值和意义。

理想也有层次。层次越高，成就越大。

理想是盏"灯"。灯亮，路通畅。

人有理想和信念，才有灵魂和力量。

时间能打破人的梦想，也能成就人的理想。

没有宏大的理想，就没有宏伟的事业。

理想是有根基的，是建立在现实生活基础上的，她源于生活，体现人对未来美好生活的追求和向往，是激励人们积极进取、顽强拼搏、不懈奋斗的强大精神力量。

人不能像傻子和呆子那样活着，人活着就要有理想和追求才对。

远大的理想，要靠坚定的信念和顽强拼搏的精神才能实现。

生活中少不了理想，没有理想的生活是悲怜的。

人的理想不同、追求各异，凡带有健康向上、剔透明亮的色彩，才是其主旋律。

理想、信念、修养，是从政者的必修课，是需要终生修炼并将终生受益的人生课。

做事要有理想，但不能理想化。

如果一个人空有梦想，凡事总停留在思考和准备当中，他永

远也难成一事。

一个民族或者一个国家，如果没有充满理想的青年，如果青年人淡漠理想与追求，那么，这个民族或国家就一定没有希望和前途。

事实上，梦想并非空想，其本身就是基于现实的再创造，每一个梦想都可以在现实的土壤中挖掘深埋它的种子。

理想信念是一个人的终生财富。没有理想，就会失去动力，就会碌碌无为；没有信念，就会饱食终日，就会无所作为。

凡有意义的人生，应该是有理想、有抱负，并为此而努力奋斗的人。

一个人有了崇高理想，才会有不断前行的动力；有了前行的动力，才能有望实现自己的崇高理想。

人有光明的渴望，才有向上的力量。

心中有明灯，黑暗变光明。

理想就像前进的马达，动力越足，力量越大。

有时，理想也需要一种舍弃精神。若没舍弃，理想也就很难实现。

理想犹如航海的灯塔。有了它，就有了前进的方向。不然，航船就会触礁而沉没。

人生在世，一定要有崇高的理想、做人的操守、人民的事业，它比再多的金钱、再高的官位都重要得多。

有崇高理想的人，其本领越大，对国家和人民的贡献就越大。

凡被向往的东西，都是美好而令人羡慕和追求的东西。

人有理想，才有奔头；人有奔头，才肯拼搏与奋斗。

人的行动如果没有理想的指导，那么就会变得盲目而无所依。

别忘了，梦里的东西再好也不当用。

知识、能力、拼搏、实干，乃成就梦想的四大要件。

有梦就有未来，圆梦不可懈怠。

志　向

人要立志做大事，不要立志贪荣华。

游乐无度者丧志。

为学先立志，志不立者难成器。

志向，决定人的发展方向。人没志向，前进的路子就会失去方向。

志不立而无进取。

有志敢担当，事事就能成。

一个人的志向越大，越要自觉加大奋进的砝码。

立志当立大志，做事当从小起。

人贵有志，认准的事情，就要竭尽全力干到底。

志在坚而不可疑，疑则事不成。

人没远大志向，就没有追求的动力。

人无志向，犹如进了广袤的沙漠而不知方向。

有志者能把山搬迁、海水抽干。

夕阳映照红满天，人近黄昏志不减。

心中认准方向，人生就不迷茫。

37

树宏大志向,创宏伟业绩。

人无志犹如树烂根,立大志才能干大事。

北斗指方向,勤奋铸辉煌。

对有志的人来说,心态决定状态,状态决定业绩。

志向需磨砺,越经艰难越坚强。

丧志,注定失败;有志,必能成功。

有高远志向的人,都是能做大事的人。

雄心壮志,乃成就事业不可或缺的动力和力量。

人有抱负,才有追求的信心和勇气。

面向基层、建功立业,是当代青年人应有的志向和抱负。

爱　国

爱祖国就是爱母亲。

大义为国家,身死又何惧!

国强不受欺,软弱遭人打。

国荣我荣,国损我损。

国在心中,卫国就是保家。

宁肯自己死,不让国受辱。

没有国就没有家,家是国的一分子。

做好你该做好的工作,就是爱国的一种表现。

祖国的荣誉高于一切,她是我永远的骄傲和自豪。

为国出力,既是奉献,也是本分。

报国须勤奋，大义敢担当。

爱国必报赤子心，为民甘当孺子牛。

爱国不在口号，而在行动。

捍卫疆域寸土不让，为国捐躯死不足惜。

生为中国人，死为国捐躯。

国强抵外寇，民富天下安。

捍卫国家尊严和领土完整，乃军人之神圣使命。

强我国防、保我疆土，既是国人的责任，更是军人的天职。

国是人人的，人人要爱国，不当旁观者而当捍卫者。

保卫自己的祖国，就是保护自己的家人。

祖国在我心中，她比天大、比山重、比海深。

治国理政，懈怠不得。

固我长诚，保家卫国；不辱使命，不负重托。

生命诚可贵，舍命卫国不足惜。

祖国的召唤就是我的意愿，人民的需要就是我的担当。

国无人才则大患，强国必须重人才。

保国家奋勇当先，为祖国死而无憾。

以德报国恩，以才造民福。

谁都无权干涉我爱国的热情。

爱国是国人的责任。但爱国需要理智，超越了文明法制的底线，就会给国家带来危害。这样的爱国既不允许，也不需要。

人，为己之本在于：为国争光，为民谋利。

真　理

真理不在的地方，谬误就会泛滥。

真理的敌人是坚持谬误。

真理越折磨，光芒越耀眼。

真理的生命在于人的坚持。

真理打不倒。

真理在手，不怕恶人逞凶狂。

真理来源于实践，而又由实践检验。

发现真理比坚持真理难得多。

夸夸其谈不一定是真理，真理往往从各种意见的纷争中出现。

是真理不会遮遮掩掩，它总是以光明磊落的姿态展现在人的面前。

真理无可辩驳，谁也抹杀不掉。

真理永远闪光。

真理就是真理，无论你承认与否，它都客观存在。

向真理投降，不是你输而是你赢。

真理一旦现身，谬误立即隐去。

任何力量都大不过真理的力量。

事实上，真理不怕打击，谬误不堪一击。

连事实都不敢承认的人，更难守住真理。

真理不需要签证，在哪里都可以通行。

实际上，承认错误也就是一种敢于向真理妥协的表现。

其实，讲理就要讲逻辑，不讲逻辑理不通，讲逻辑就是讲道理。

只要真理在，就不怕谬误作怪。

真理认为错，只要改正就正确。

不到实践里去找真理，就没有真理。

真理一经发现，谁也无法推翻。

真理被谬误包围，冲出去才能生存。

拉长真理可以，断掉真理不易。

只要真理在，谁也击不败。

希　望

凡事不绝望、不失望，就有希望。

眼下，没有什么能比理想的复活、信念的重塑、道德的回归，更让人欣慰的了。

永远抱有希望，奋进才有力量。

人有盼头，才有劲头。

对事业充满希望，干起来才有力量。

有些事，只要不是完全没希望，就有成功的可能。

希望成现实，不干则无望。

希望无止境，只要不停地追求，就没有休止的时候。

心存希望就有希望，心没希

望一切无望。

东西可以舍弃，希望不可失去。

人人都生活在希望之中，没有希望的生活是枯燥、乏味的。

给别人以希望，使自己更快乐。

遇到困难自己克服，别动不动就叫别人帮忙。如果一味依赖别人帮忙，那么，失望往往大于期望。

人活着，除了需要阳光、空气、水和食物外，还需要心存美好的希望。人没希望，犹如船行大海无舵手，只能漂荡，无法抵岸。

无论人生多么坎坷，有希望就有光明。

人人能献点光明，世界就更加明亮。

心存希望，永远不会失落。

希望能给濒临绝望之人以生存，并带来光明。

一个人无论在什么情况下都不能没有希望，如果没有希望，困难、挫折、压力和打击就无法面对和忍受。

希望就是追求明天更辉煌。

一个人对自己的追求，要抱希望而不要抱奢望。

人只有遇到困难的时候才见真情。同样，驱除不了黑夜，也就迎来不了黎明。

活着就有希望，死了一切破灭。

人没有希望，生活便暗淡无光。

人没着落没希望，心里空虚最难受。

有梦想就有希望，有希望才有追求的信心和力量。

想 象

想象是探求真理的向导。

设想再好，不如干好。

创新的大半是想象。

其实，解谜的最好诀窍，就是不断探索和寻觅。

缺乏想象力，别想搞创新。

想不一定能实现，不想一点实现的可能都没有。

没有想象就没有创造。

对恶性不改的人，不要抱幻想。否则，自己也要陷进去。

好奇是创新的前奏，质疑孕育新奇。

其实，想象并非空想，它是人心目中的一种造像意念或显映。

有时，意想不到的东西却意外得到。

最让人骄傲的是，曾经幻想过的东西后来实现了。

记住：要幻想，不要妄想。

任何创新成果的产生，都是以想象为"酵母"催生出来的。

想得到的，不一定得到；不想得到的，一定得不到。

任何想象都离不开大脑，大脑越发达，想象越丰富。

想象伴人一生成长。

想象一旦与敢闯敢试有效对接，就会产生新的奇迹。

探索人的意图或想象，并能为己所用，是驾驭他人的重要秘诀之一。

好奇是创新的根基。

凡事不想难做好，光想不做枉费脑。

一切艺术之花都是由想象绽放。

为梦想拼搏，但这个梦想不能凭空想象。

要知道，现实与梦想是有差距的，如果没差距还叫什么梦想！

未　来

行动成就未来。

未来靠眼下铸就。没有当下的努力，就没有将来的美好。

未来的大任由青少年担当。

为未来吃苦才有甜。

要想创造美好未来，必须做好吃苦的准备。

时过境迁莫追忆，开辟新途奔未来。

抛弃今天，就没明天；不珍惜现在，就没有将来。

迎接未来，首先干好现在。

远见决定未来。

有梦就有未来，圆梦不可懈怠。

善用脑筋的人，才能创造未来。

铺就现在到未来的通道，唯奋斗不成。

美好的未来靠现在托起。只有干好现在，才能成就未来。

未来的美好，空想不成；实现美好未来，不干怎成！

未来属于不畏困难、勇于进取之人。

失掉了今天，也就无所谓明天。

美好的未来在向我们召唤，我们应以什么样的姿态来回应召唤？这是每个人都不能回避，并且必须作出的明确回答。

梦想把我们带进未来，我们必须用实际行动践行未来。

干在当下比描绘将来更实际、更有用。

奋斗托起未来，未来以现实为基。

人有过去成事实，人有未来难预知。

今天是明天的基础，干不好今天，也就无所谓明天。

为了明天的"通达"，今天必须"清障"。

今天是明天的铺垫，铺垫打不牢、明天地就摇。

"现在"是"未来"的根基。没有现在，就没有未来。

美好的明天由勤奋换来。

重复没有希望，创造开辟未来。

渴望美好的未来，勿忘把汗水洒给现在。

追　求

人不能没追求。没追求，人生的车轮就会因缺少动力而停滞不前。

当一个人在追求某种东西时，一次次追求、一次次落空，再追求、再落空，最后得到了，也是胜利。

事实上，追求意味着付出，追求的过程，也就是不断付出的过程。

过于追求权力就会丧失美德，甚至失去人性。

人有追求，心就不老。

人，什么都可以没有，但不可以没有追求。

人无追求无动力，业不艰辛难有成。

欲望过高难抵达，脚踏实地干当前。

人退休，志不改；追求美好，至死不休。

路再远，脚能抵达。

有追求就要有行动，没有行动的追求是虚无飘渺的。

生活要知足，追求永不止。

人如果没有不足，就没有新的追求。

一个人能实现自我追求，并不在于自己比别人优秀多少，而在于自己在精神上得到了幸福的满足。

人是要一点追求的，但追求不是臆想玄谈，要有根基、从实才对。

心有明灯，便不会迷路；人有梦想，便不会失去追求的力量。

人活没追求，枉在世上走。

人有追求的目标没错，但要量力而行，不切实际地追求，只能是徒劳。

努力学习，天天向上，乃一生之追求。

群众满意，就是工作的第一追求。

人总是有追求的，但追求的目标一定要设置好，然后根据设定的目标再行动，最后才有结果。

人就是这样，想得到、不可知的东西才追求。

看到启明星，天亮还会远?

有追求的高度，就有追求的决心；决心下不定，高度就难达。

其实，人生就是在不停地追求。没有追求，人生也就黯然失色、没有生机与活力。

对一个人来说，岁月在改变，但追求上进的心不能改变。

奋　斗

奋斗成就伟业。

奇迹的发生，没有拼搏奋斗的精神不成。

选择往往比努力重要。

人能走多快，看你给谁比；成绩有多大，就看你努力。

天不负苦心人，有艰辛就有回报。

人生五十从头起，再干半百力不减。

少记昨天的功，多干今天的事。

想起来干，不晚；到老再干，力减。

工作着是美丽的，也是快乐的。

不停地奋斗，才是生活的真谛。

等待会让人失去很多，唯奋斗才能让人获得更多。

除了行动以外，没有别的办法可以获得一切。

要做"无悔人生"，就要作"无限努力"。

淡泊名利不等于不做事，真抓实干才能赢得不断掌声。

能一生奋斗，才不愧一生。

人的一生在我看来，就是不断拼搏和奋斗。

工作中，有的需要争第一，有的需要保第一，无论是争第一还是保第一，不奋斗就难如意。因此，奋斗是赢得一切的根本。

有些事努力了，不成也无怨。

不去努力，就想得到你想要的东西，不是投机就是幻想。

闪光的足迹靠奋斗踏出。

奋斗既没逗号，也没句号。

奋斗的人生最光荣。

要想得灵芝，就得攀悬崖；要想得幸福，就得去奋斗。

好运等不来，奋斗才得来。

事实上，卓越都是矢志不移、拼搏奋斗的结果。

想干就是成功的一半。

奋斗无悔，愈挫愈勇。

图强奋进，勇创一流。

不行到行，唯奋斗才行。

已获取到手的东西，往往付出也多，不付出就难获取。

一个人只要下定一个不变的决心，通过顽强拼搏、奋斗，你就有资格获取自己想要的成功。

靠自己的打拼而获得的成功，才令人佩服和尊重。

人，只有不停地奋斗，才能取得不断的成就。

凡一味期待奇迹出现而又不愿付出艰苦努力的人，其结果只能是两手空空、一无所获。

记住：奋斗了，无论成功与否，问心无愧。

榜样蕴藏无穷的力量，精神激发奋进的斗志。

今天的努力，就是为了明天

更美好。

一瞬决定命运，功成在于奋斗。

奋斗，拥有世界。

奋斗创造万物，获得一切。

人生来就要奋斗，不奋斗就不是人生。

奋斗的目的就是让自己和他人过上好日子。

成功就在前头，抓住它，不奋斗不成。

把不能变成可能，不创造条件和努力不成。

有奋斗就会有收获。

成功的路上荆棘多，没有捷径，没有坦途，只有奋斗和拼搏。

容易的事就是在没有困难的情况下完成的。

与其坐以待毙，不如积极奋争。

信　心

凡事说"不管"的人，都是缺乏信心的人。

做事不灰心，就有成功的可能。相反，则一点可能都没有。

没有不懂，就看不出执着。

决心就是力量，而且是强大的精神力量。

别人可看不起你，但唯独你不可看不起自己；自己认准的事，自己干到底，不管别人怎么对你和看你。

决心加行动，大海能填平。

事实上，当你做完某件事的时候才发现，这事并不像原先想象得那么复杂、那么难，问题的关键是，事前必须要有坚定的信心和决心才成。不然，就不会有后来的事成和感受。

失落的信心是可以重拾起来的。

一个人只要对失败不服气，你就没败，你就有成功的可能。

人有信心最重要，缺少信心事不成。

平时，不是因事情难做到才失去信心，而是因失去信心，使本来能做到的事情无法做到。

每个人都应该坚信自己的事业能够完成，不要有半点松懈和怀疑，否则，就将一事无成。

记住：一个对生活、对事业、对前途、对自己失去信心的人，永远不会成功。

信心不足，事难成。

就是不吃不睡也要把未尽的事情完成，这就是决心。

在做事上，每个人都应该坚信自己所期待的事情能够实现，并义无反顾、坚持到底、绝不懈怠。只有这样，事情的成功才有可能，否则别想。

凡遇困难不敢做的事，皆因勇气和信心不足所致。

有时，失败并不是因为个人能力不强，而恰恰是缺乏一种信心和韧劲。

不满足才有追求的动力和决心。

在艰难困苦面前，一个人如果失去了信心，放弃人应具有的自强意识，那么，你就失去了人生的价值和生存的意义。

凡事下决心去做，没有一个空手而归的。

事实上，信心不会使人失望，相反能让人发现自身价值和内在潜力，进而取得成功。

别人能做的事，我也能做；别人做不好的事，我能做好。

某些事不怕做不成，就怕没信心。

面对一项艰巨的任务，一个人只要能抱有"没问题"、"保证完成"的决心去拼搏奋斗，那么再难、再重、再艰苦，也照样完成。

有负担不好，但负担有时也能成为一种内力，促使自己下决心把积压的问题解决掉。

自信产生力量，但不要固执。

事实上，心里老想"不可能"，做起事来就难成。

凡感到生活没意思的人，大都因无法摆脱烦心事的纠缠而失去信心。

坚 持

坚持虽不是手段，但在攻坚克难过程中却发挥着不可替代的作用。谁放弃，谁就不会成功。

没有善始、难有善终，忽视开头结果差。

坚持就有希望，希望往往来自最后的坚持。

某些情况，只要观念一变，并下决心坚持去干，就没有干不成的事情。

说易做难，再难也做。

有时人的体力不支，但精神不倒，那么，他就能够继续坚持下去，直到任务完成。

有些事，别在乎人家怎么看，该干的就要去坚持。

世上的事，只要努力去做，并坚持不懈，就会有成效。

坚持是一种美德、智慧、习

惯、责任，对人的进步和成功起至关重要作用。

只要能在别人失败的地方找到原因，并能坚持不懈地奋斗下去，就能取得成功。

不坚持是导致失败的直接根源。

在马拉松比赛中，谁能坚持到底，谁就是胜利者。

凡事认为是对的，就要坚持做下去，不到最后不放弃。

有时，希望越大、失望越大，事成往往属于不甘退缩之人。

某些事情，当别人说你"傻"的时候，说明你在这方面坚持得对。

为坚持原则，宁被别人骂"死板"，也不网开一面。

坚持是成功的一半。

凡事只要努力和坚持，往往就不会让人空手而归、没收获。

半道停步，永远到达不了目的地。

有些事光敢干不行，没有坚持也不成。

坚持，乃决心加毅力的支持。

做事不在一时努力，而在持久和认真。

见困难就退，干什么事情都不能坚持到底，成功就没指望。

坚持是恒心与毅力的反映。没有坚持，也就无所谓恒心和毅力。

所有坚持的结果多有酬谢。

岂不知，某些乱象治理过后又反弹，其根子就在于"一阵风"，或缺乏刚性的长效措施而导致。

有时，坚持能够换来支持。

做比说有力，持久更见业绩。

意 志

都说钻石坚硬，但人的意志比钻石更坚硬。

在强敌面前，意志不坚者，遇刑就骨软。

在艰苦环境下，志强者自强。

意志坚定，铜墙铁壁也可破。

意志不强的人，最容易被人拉拢和攻破。

人没意志力，难成大事业。

坚强的意志表现在工作上，就是顽强拼搏的执着精神。

坚强，实为挫折和苦难打击的结果。

坚定的意志能抗击外来的压力。

从某种意义上说，爱比意志更坚定。

人的意志不坚强，再易的事情难完成。

坚强不屈是意志的充分体现。

撼天易，撼人的意志难。

冬雪压松柏，松柏更精神。

意志坚定者，无论你怎么拷问都无济于事。

血肉之躯易毁掉，钢铁意志难摧毁。

在任务攻坚过程中，凡打退堂鼓的人，都是意志不坚定的人。

意志力不坚定的人，干什么事情都虎头蛇尾、有始无终。

人有坚强的意志，谁也战胜不了。

钱能改变人的生活，但改变不了人的意志。

意志摔打更坚强。

记住：人若过于享受，意志就会衰退。

意志征服困难，困难屈服意志。

坚强的意志需在困境中磨砺，才干的培养需在实践中铸就。

人的意志越坚强，战胜困难的勇气就越大。

坚强的意志加上顽强拼搏，

没有什么困难是战胜不了的。

意志就是拉不断的钢筋。

有志能将山搬走。

心衰志不坚，志衰事难成。

意志靠武力征服不了。

一个人若没志气，干什么事情都不争气。

其实，人生的苦难对有杰出贡献的人来讲，更多地是对其心志的锻炼，并无法摧残其意志和才智。

毅　力

有力而无毅力，事情照样不成。

对坚忍不拔、顽强拼搏的人来说，困难、挫折、失败阻挡不了他们前进的脚步。

人，只有能吃常人不能吃的苦，才能获得常人想得而得不到的甘。

自己选定的目标，爬着走也要抵达。

你是否知道，当人不堪重负时最容易消沉，但强者不会。

人不管能力大小，只要目标已定，就要竭尽全力，并坚定不

移地干下去，不达目标不罢休。

一项艰巨任务的完成，关键取决于人的毅力和能力。

人没有毅力，走不出沙漠。

思想上的软弱必然导致行动上的退缩。

路遥不停歇，总能达尽头。

用力敲门，不停地喊，不信门里不应声。

锲而不舍，一干到底，必有收获。

做事不灰心、执意干到底，是人的一种坚忍不拔的精神毅力。

做事要有一种韧劲。没有韧劲，做什么事情都半途而废。

人就有这么个犟劲，有时看来干不成的事却能干成。

有毅力的人坚持不懈、追求不止；无毅力的人半途而废、放弃追求。

有些事，当你摇摆不定的时候，决心能帮你下定。

坚韧就像弹簧一样，任人折叠。

一个人既有才又刚毅，准能成大事。

愈挫愈坚，克难向前。

恒心是奠定事业成功的根基。

有时，做事不在能力而在毅力。

有始有终才能成就伟业。

获胜者往往要比松口气的人有恒心、有毅力。

人以"恒"相伴，它能帮你把看似不成的事办成。

练一手超人绝技，没有脱胎换骨的精神不成。

恒心事竟成，无"恒"事不成。

人要干大事，没有坚忍不拔的毅力和顽强拼搏的精神不行。

事 业 篇

事 业

没有艰苦卓绝的努力，就没有辉煌灿烂的业绩。

脑子不新，思路旧，事业难有新成就。

对事业要执着，干就干出个样。

德随业辉，相得益彰。

乐业才能安业，安业才能敬业，敬业才能把工作做好。

奖要评、事要干，宁不要奖事照干。

声名不足贵，事业重如山。

能立住脚的是品行，能无愧一生的是事业。

岂不知，在完成一项大业的背后，总能发现一些鲜为人知、感天动地的事情。

再好的设想，不去努力，一事无成。

凡事不可好高骛远，要以平

常心而为之，既积极主动又竭尽全力，同时还要顺其自然，不刻意强求做事完美，始终保持一种从容淡定的自信和坚毅。如能如此，你才能在事业上做出成绩、有所建树。

能脚踏实地、勤奋苦干，事业就会取得成功。

职业无好坏，干好就精彩。

人的天赋是不同的。一个人只要能按照自己最喜爱、最擅长的领域去延伸发展，那么，就一定能够成就和实现自己的事业。

一个人在从事自己的事业上，一定要做到得意而不忘形、遇挫而不气馁，永远保持昂扬向上的进取精神，不断向更高层次迈进。

使事业成为人爱，让人爱成就事业。

事业的发展有赖于科技的推动。没有科技，事业就很难得到大的发展。

既要为事业着想，更要为事业去做。

事业是实的，名誉是虚的；宁要实事业，不要图虚名。

不钟爱自己的事业，就干不好自己的事业。

事成于勤而败于怠。

用汗水和智慧打造出来的事业最甜蜜。

能力在事业中彰显才大有可为。

自己选定的事业，就要把它干好。

你为事业拼打，事业为你献"哈达"。

事业用汗水浇灌才甜美。

多一分精力干事业，就少一分心思瞎琢磨，心齐才能事业兴。

别忘了，丰碑历来是靠人的功业和民心铸成的，别的不是。

没有敬业的精神，就没有事

业的成功。

攀比，实际上就是人生天平的倾斜。不除攀比心，难成大事业。

对有的人来说，决心再大，没有干劲和智慧，要想成就一番事业，难。

精彩人生，由辉煌业绩彰显。

靠自己的本事干起来的事业长久，靠拉关系、找门子运作起来的事业靠不住。

发展离不开稳定，稳定是事业发展的推手和保证。

一个人只要对社会和人民负责，并正确地为自己的人生定好位，加之坚持不懈、持之以恒的努力，要成就一番事业就不会有多难。

对事业冷漠，即使有再大的本事也无用。

事业没有旁观者。

事业等不来，不干不会来。

创　业

创业不轻松，轻松别创业。

失业不失志，志在创业干大事。

在创业者眼里，没有"不可能"之说。

乐业才能安业，安业才能敬业，敬业才能把工作做好。

创业没有胆量不成。

创业志要长，越干越兴旺。

一个人一生能执着于一事，并有独创性的成果问世，这人也就了不起。

其实，创业不仅仅为了赚钱，诚信、人格不能不要。

谁想创大业、立大功，谁就要抢占先机而不落于众人之后。

否则，你就根本成不了大器。

当你把锣鼓敲起来的时候，绝不能说演出已经结束，这恰恰才是开场。

不经一番摔打，不可能创业一下子就能赚大钱。

岗位是创造人生价值的载体，人生价值只有通过岗位这个载体才能体现出来。

创业者不吃几番苦是成不了气候的。

身怀一技，挣钱容易。

在无人区里创业，犹如在茫茫黑夜中燃上一支蜡烛，光亮照人。

在懒人的字典里是无法找到"创业"二字的。

创业是生财之路，不创业就没有财富，甚至会失去出路。

什么是创业？就是用自己的才能，换取更多的财富。

创业，既要慎重，又要胆量，更要奋斗和拼搏。

创业，只要敢干，就有成功的可能；不干，什么都没有。

要创业，就必须做好迎战困难的准备。

创业千般苦，收获最甘甜。

创业与就业不同：创业要的是财富，就业要的是岗位和薪水。

创业的路艰辛，挺过去就是一片新天地。

创　新

拓荒者的特点是，不走他人走过的路。

想尝试一项新规并看人能不能接受，对外先放出风来不失为

一个好办法。

走出思想禁区，才能获得自由。

知识是创新的源泉。没有知识，就很难创新。

科学来不得半点虚假，不真实的就不是科学。

科学并不神秘，有些东西只是我们尚未认识和掌握罢了。

科学是大众的，并为大众所掌握。

有能力、有技能，就有力量。

求独具特色，忌面面俱到。

科技创造未来，未来美好靠科技。

叛逆是创新者的一大特征。

实际上，科学就是破除旧的，在实践的基础上创造新的。

创新就是否定旧我、实现

突破。

学古人而走出古人，才能推陈出新。

能做出前人从没做过的事，这就是创新。

绝技虽自创，不传就绝迹。

就科研创新来说，敢于向权威挑战，本身就是一种胆识和创新。

创新具有多样性，单一是没有多大出路的。

别忘了，一个国家的竞争能力和综合实力，固然反映在一些主要经济指标上，但从更深层次来讲，它更反映在一个国家和民族文化底蕴的厚度、深度以及创新能力上。

守旧没有出路，创新才有活力。

敢闯往往出奇迹，四平八稳没出息。

常言道：世事在变，唯有不断创新才能适应万变。

万两黄金，不抵观念更新。

创新是一种探求、一种思路和方法。

特点就是不一样，不一样就是独一无二。

没有风险，也就没有创新。

创新不走回头路，一旦动身不返回。

犹如看戏和电影一样，第一遍感觉新，第二遍或多或少有点乏味。所以说，创新贵在"新"字，重复希望不大。

创新者的最大特点是，不吃别人嚼过的馍，不重复别人做出来的东西。

创新不分你我，人人都可参与。

变"空白"为"填补"，就是创新。

重复别人的，就等于吃人家剩下的。

怕犯错而不敢尝试，恐怕是一个人一生所犯的最大错误。

一个不经意的发现，往往就是自觉或不自觉努力的结果。

奇迹，来自脑与手的功绩。

创新并不高深，能把别人认为不可能的事做成了，便是创新。

有怀疑才有创新、才见真理。

不搞破天荒，就没新发现。

有时候，改革有困难，不改革更困难，但无论如何都要改革，不然就没出路。

多问几个为什么，就想知道是什么。

别拿"创新"糊弄人。一个做法或举措是好是坏、是新是旧，自有公正评判，靠一时投机取巧、"标新立异"，到头来只能落得个毁人害己、得不偿失。

发展的希望在创新，创新的希望在青年。

没有旧东西，就没有新创造。

创造改变世界，世界因改变而美好。

倒退，只有死路、没有出路。

目　标

目标能与时代合拍，那才叫切实、积极的。

目标与困难同在，越接近目标，越往往难度加大。

能找准坐标，才不偏离目标。

确定的目标就要想方设法去实现，即使流尽血汗也要为之。

不管计划多周密、口号多豪迈，不行动永远实现不了目标。

人给自己的生活设个追求的目标，即使每天向它靠近那么一点点，心里总是快乐、幸福的。

选择很重要。目标选准了，走向成功的路子也就顺畅多了。

做事应立个目标，目标明确，成功才有把握。

目标是成功的靶子。没有目标，成功就无法射向靶子。

没有追求的目标，人生就没有作为。

制定目标不是目的，而严格按照目标落实，并使目标真正实现才是根本。

把某种特定的东西作为目标，并为之不懈追求，生活才有意义。

人没目标，犹如瞎子摸象——没准。

如果一个人老是改动自己的目标，那么这个人就永远到不了

目的地。

向着目标进发，不达目标不罢休。

目标有价值，人生的追求才有价值。

做事没目标，就等于航行没舵手，永远到达不了指定的岸边。

向着目标进发，不达终极步不停。

有目标而缺乏信心，实现目标就落空。

其实，抓落实就是为了实现目标，而实现目标就得心中装着目标、两眼紧盯目标。唯有如此，抓落实才有方向和动力。

如果目标选错，坚持到底就是错上加错。

目标一旦确定，就要不改初衷地向前走。

做　事

事贵认真尽全责，再难之事无不成。

你能强行毁掉人家的东西，但无法抹掉人家对你的仇视心理。

事尽所能，不成心宁。

要知道，人有顾虑，做什么事情都不敢越雷池一步。

坐而论道，不如找点实事做。

只要过程中的每个环节能做对，那么，结果就是正确的。

你能使出别人想使而使不出的劲，那你就能做出别人想做而做不到的事情。

凡真心想干的事，干了，不成也无怨言。

做事是自愿的，不是做给人看的。

岂不知，只要想着办法干事，就有可能干成事。

找到方法加上努力，是没有什么事情办不成的。

干事不投入，别想做"出彩"。

记住：工作干完后先找不足、再定功绩。

与其大事做不来，不如做点小事更实在。

做事讲圆满，切忌太圆滑。

影子靠不住，只在自己为。

图省事不要做事，要做事就要认真。

凡事都以需求为因、干为果。

不同的人做同一件事情，不可能完全相同，出现差异当属正常。

事想做，时间就有；事不想做，就找借口。

能又没大能、干又不能干、争强又好胜，这样的人最让人看不起。

凡事认准再去做，避免盲目出差错。

我不愿干徒劳无功的事，更愿意干自己该干，而且能干好的事。

能力加努力，没有事不成。

其实，某些事情尝试错了，也比不做强得多。

人不能干这行又想着那行，假如这样，那就会成为今天的选择决定明天的放弃，你将永远选定不了自己的岗位，同时也干不好自己的工作。只有干一行爱一行，才能更好地施展自己的才华、实现自己的理想。

不管人家怎么说，自己的事情自己做。

有些事，与其越做越糟，不如干脆放弃。要知道，做力所能及的事、放弃做不到的事，既是

一个人的明智选择，也是做事能够成功的一个诀窍。

对领会意图快的人来说，交办的事情不宜过细，否则就有多余之嫌。

别忘了，人们所做的任何事情都是多面的，有时你看到的只是其中的一个侧面。这个侧面，往往又让你感到痛苦和烦恼。这种痛苦和烦恼是可以转化的，一成不变的事情是没有的。

其实，困难多但解决的办法也多，关键就在于你愿意不愿意开动脑筋找窍门。

做事心中要有数。对自己拿不准的事情，不要去折腾。

事难，干成就精彩。

凡事不能为了追求结果而忽略过程，其实，过程就是获取结果的路径和保证。

世上没有不行的事情，只要去干就有行的可能。

做事摇摆不定，说明你没有足够的把握搞定。

该做的事，一定做好；不该做的事，坚决不做。

有些东西不能老想得到才去做，而是做了才能得到。

痛失昨天，不如干好眼前。

与其闲扯熬时间，不如干点轻巧活。

底气决定士气。底气不足，做事难成。

要知道，"今天比昨天好"大家都认同，但"明天比今天好"要看今人怎么做。

做过的别追究，没做的要做好。

每个人都怀有被别人认可的强烈愿望和要求，但只要你能做出有别于他人的显著成绩，就不愁不被别人认可和赏识。

点滴小事影响大。要知道，

点滴都是从自身做起的，慢慢地就会感染身边一批人，甚至更多人。

凡事只有获得成功的可能性比较大时，才可一搏。

有学历文凭的人，是否可以被称为人才，关键看其是否能干事、会干事、干成事。

有些事与其苦干，不如巧干；与其嫉妒别人，不如先从自己做起。

谁能做好自己该做的事，谁一生就没白过。

该做的事，做好才是。

工作没有贵贱之分，只有干好干不好工作的人。

一个人不管做什么事情，都要做出个"自己"来，不然就不会"出彩"。

做比去做更有发言权。

把事当回事，它就是事；要

干事，就要干成事。

做事要果断，磨蹭遭人嫌，麻利让人赞。

一个人连小事都做不了，别想做大事。

人能屈能伸才行，受不了屈、干不成事。

记住：某些事做与不做，全由自己掌握。

话空做事虚，空谈事难成。

做事要讲究细节，汇报要先讲结果。

没有不好的工作，只有干不好的人。

有些事，做过的，没法挽回；没做的，应当做好。

人能做喜欢的事自然好，不能做如愿的事但需要你做，也要做好。

有心做事事竟成，无心做事

67

事皆空。

事不经过不知难。唯有亲为，才知艰辛。

要干出名堂，就不怕吃苦。

说有效话、办实在事，空谈误国又误己。

做事要讲"实"。做不到的不说，说出口的一定做到。

看一个人的作为，不在于看他从事什么职业、在什么岗位，而是看他是否能尽心尽力、尽职尽责地把自己所从事的工作做好。

事不在说而在做，光说不做事不成。

做事内心乐意，事成才有胜算。

责　任

性急难做精细活。

凡事都有开始，开始不认真，别想事完美。

教育子女有责任，父母当负主要责任。

一个为官者如果有责缺少担当、在位不在状态，那就很难指望他能干出什么成绩来，更谈不上攻坚克难、打开工作新局面。

有些事，只要自己尽到了责任，那就问心无愧。

静观其变，察其细微，凡事不可粗心大意。

事实上，追究责任、严罚失职，乃工作到位的措施之一。

官是什么，官是责任。

别忘了你的职责，在位一天绝不能不负责任。

教师的职责就是，教好学生、育好人。

兵从民中来，当为民守卫。

没把学生教育好，老师、家长都有责。

人是主管自身健康的第一责任人。

精益求精既是责任的驱使，也是追求完美的表现。

育人育心，责无旁贷。

留心发现问题，悉心解决问题。

不敢承担责任的人，多为胆小怕事的人。

细心是责任的品质。

对外抗列强、对内镇邪恶，这就是军人职责。

凡事都不在乎的人，一定是个不负责任的人。

能一丝不苟地做好服务中的每个细节，就会给自己带来精神上的褒奖或物质上的回报。

只要责权利匹配得当，人的积极性就会调动起来，工作就能干好。

有无责任心，对一个人的事业成败将起至关重要的作用。

认真做事不出事，马虎做事出错事。

人没责任心，难有事业成。

心挂两肠的人，干工作绝不会认真。

服务的提升，源于细节的完善。

为公众、为社会提供安全可信赖的产品与服务，是企业理应承担的社会责任，绝不可无视、懈怠和推卸。

难事怕认真，易事怕粗心。

差错出在细节上，事在细心

切忌粗。

岂不知，有些事故的发生，并不全是制度的缺失，有时是因相关单位对法规制度的随意违反、漠视，甚至践踏而酿成。

承诺容易践诺难，再难也不失诺言。

谁把失误当借口，谁就惧怕担责、强词夺理、掩盖真实。

只有想不到的安全隐患，没有防不住的安全事故。

诺言既出，行动跟上。

世事如棋，局局新，凡事不可掉以轻心。

有的人就是这样，事情办砸后总是找借口搪塞，生怕别人怪罪和批评。

凡事都要对自己的行为负责，这是做人的起码要求。

好事办好并不易，责任当推第一条。

粗心出差错，细心做事稳。

人有责任感既是爱的彰显，也是一种素质和灵魂。

事实上，当官有压力甚至有危机，才能尽好责、履好职。

铁肩担道义，责任重如山。

天下大事必作于细。重视具体细节，不仅需要一个人要有着认真负责的态度，而且更需要有精益求精的执着追求。

很多事情表明，谨慎就是成功，疏忽就是失败。

工作到位不错位，越权就要找麻烦。

工作能否做得好，关键就看责任心。

责任心是一个人为人处事、干好工作的宝贵品质。

宁可备而不用，不可疏而不防。

凡事谨慎才安全。

军队是战争的产物，但不是为了战争而战争，而是为了消灭战争、维护和平。

对限期完成的事，凡说"差不多"的人，都是没有尽到责任的人。

人受责任驱使，工作才能干好。

一个官员对自己的失职行为勇于承担责任，并公开道歉，这是应该的。但能否取得群众的谅解和信任，关键就看官员自身的日后表现了。

一个人的权力越大，拥有的财富越多，其责任也就越重。

请君切记住，缺乏监督的权力，必然导致腐败；监督乏力的权力，不得不滋生腐败。

干部是一种称谓。它不是权利和享受，而是责任和牺牲。

只有强化拥有权力人的责任心，才有可能让权力运作得更规范，且给群众带来的伤痛才更少。

一个人能在小事上不怕麻烦，并把看似不起眼的小事做好，这人往往能做大事、成大器。

责任忌敷衍，做事贵认真。

为医心要细，大意就伤人。

父母疼孩子乃天性使然，但绝不能溺爱、纵容、缺管束。否则，就是罪责，就是灾难。

疏忽是最大的泄密。

有时，看似简单的问题，如果处理不当，就会越理越乱，甚至无法收拾。因此，凡事都要认真、细心才对。

敢于担当既是一种气魄，更是一种责任。

有官职就有责任。

别忘了，成功在心细，失败归马虎。

不可大意：秘密决定胜负，失密就是失败。

服务没有高低之别，只有周到不周到之分。

其实，权力就是一种责任与担当，而绝不是一种福利和享受。

就理财来讲，"外行看不懂、内行看不到"，这是造成一些单位账目失管的重要根源，同时也给腐败分子洞开了一个捞钱的缺口。

别忘了，瓮中之鳖看似好捉，但不可大意。

监督部门也要受监督。

有一分权、尽一分责，保一方安、富一方民，乃为官者永记。

心细活精致，马虎出次品。

做事不谨慎，苦果自己吞。

经　营

对经营者来说，市场预测要超前，迟了，输了没商量。

优质服务始于心，心到才能服务好。

对市场短缺的东西不论利大利小，尽管生产、保证赚钱。

对商家来说，只要物美价廉、服务热情，何愁生意不火红?!

不可否认，企业投资有风险，但从另一个层面来说，风险越大，回报率越高。

推销是一门学问。一个好的推销员就等于新上若干生产线，作用不可小视。

作为老板，当生意做大做强的时候，要想着员工、想着社会，不要私欲太重、光为自己盘算。否则，就会栽跟头。

一个好的管理者能正视和改正自己的缺点，他的企业就能得到更好的发展。

先学理财再投资，生意越做越红火。

从某种意义上说，智力投资比资金投入更重要。

投资多并不代表你的回报就多，关键就看你的经营技巧如何？

获得高额利润，没有生产成本的降低是不可能的。

管理即效益，效益出自管理中。

管理是一种实践，也是一门艺术。

管理是决策、是手段，也是目的。

采取"光打雷，不下雨"的办法，吊一下顾客的胃口，适当时候再出手，不失为推销人员的高明之术。

没有甘愿赔本的生意，只有不会赚钱的人。

商品包装极为讲究，美与不美直接影响销售市场。

薄利多销服务好，不信生意不赚钱。

一个企业要想生产适销产品，必须去问市场再作决定。

对濒临倒闭又无把握救活的企业，不要死撑不放，要当机立断、了却残局，以免造成更大损失。

记住：不守信用的一切交流活动都不会持久。

就经商与从政来说，商与政别混淆，混淆了对谁都不好。

把握行情、灵活经营，生意才会越做越红。

一个厂长不一定能带活一个企业，而一个好的营销人员则往往能把濒临倒闭的企业带活。

真正的效率是聚集员工的积

极性而产生。

企业高管人员的能力强弱，对一个企业的兴衰起关键作用。

能受消费者青睐的商品，一是质优，二是价廉。

一分价钱、一分货，货坏、货好不等值。

平衡关系也是企业管理的一门学问。

对企业主管来说，能调动方方面面的积极性，才是一个称职合格的管理者。

一个企业的高层管理者就是一部戏的导演，企业经营好坏，全在于导演水平的高低。

其实，管理企业就是多环节运作，一环出错，满盘皆输。

说到底，管理就是对工作细节的缜密和完善。

从某种意义上说，服务好客户，就是成就自己的企业。

企业创品牌来不得半点虚假，除了扎扎实实地提高技术含量、产品质量、售后服务、用户口碑之外，没有别的捷径可走。

就买方和卖方来说，如果卖方能主动为买方转嫁或化解抗风险的能力，那么，卖方就是最大、最聪明的赢家。

不抢占市场，就没有资本筹划未来；不持续出新，就无法占据市场绝对优势。

人常说，好货不愁卖。一个人只要有了真本事，就不愁找不到工作、干不成事。

主管能给助手一个真诚的信任，你的助手就会使出十二分之力协助你。

想把自己不太畅销的东西推销出去，没有说服他人的口功是不成的。

会推销自己，才会推销商品。

事实上，消费是生产的引擎，有了消费，生产才有刺激的动力。

对做生意的人来说，观市场、看行情，敢于或适时收手也不失为一种高明。

把收入记清，消费才能做到心中有数。

形象地说，推销员就是企业与顾客联姻的媒婆。

竞　争

无论怎么较量，只要没有输赢，就没有结果。

在同等条件下，心态决定输赢。

没有了对手，就没有了竞争。

输得起，才能赢得起。

赢者背后多付出。

参与不等于都赢，奖杯只能少数人得到。

与人比高下，没实力靠边。

输不消沉、赢不狂喜，再接再励再奋进。

竞争是发展的动力，无序的竞争就会导致地方经济的倒退和落后。

赢的本身并没多大意思，比拼过后也就算了，有意思的倒是如何争取下次再赢。

有实力争强好胜，要得。

输在中途比输在起点更愤悔。

敢输才敢赢。

就竞争来说，赢对手易，胜自己难。

获胜是博弈的结晶。

别忘了，敢赢不怕败，怕败

就必败。

遇强手不要气馁和胆怯，弱势未必是弱势，只要善于利用，弱势照样变优势：以弱克强、反败为胜，这样的例子很多。

竞争不留情，留情难竞争。

互不买账，两败俱伤。

竞赛场上见输赢。

竞争也要看对象。

没有竞争，就没有活力与生机。

谁能叫对手服输，谁就有过人之处。

赛场如战场，激烈拼杀不相让，让则败、败则"亡"。

从某种意义上说，比赛就是比心态。

抓住对方的弱点，乘其不备，就能战胜对方。

哀其怯懦，恨其不争，凡事不可过于胆小、不求上进。

一次失败并不代表最后失败，谁能赢在最后，谁就是真正的胜利者。

竞争激励人，也最考验人。

一个心理强势的竞争者，总会以乐观的态度进入临战状态，在战略上藐视对手、在战术上重视对手，而一些心理素质薄弱者常常妄自菲薄、缺乏自信，在心理准备上已输于对手，结果自己被自己打败了。

承认落后，才有赶超的决心和动力。

竞赛规则的公平远比竞争胜负更重要。

对手相"逼"，人必自奋。

从某种意义上说，信用就是财富，竞争才能进步。

对手也要感激。要知道，人没对手无压力，少了压力难奋进，

不奋进岂能有功绩！

竞争无处不在，怯懦者必败。

有竞争才有优劣，无竞争难见强弱。

竞争是万物之本，人类不是靠人性的原则去生存，而是靠最残酷的竞争来生存。

人生如同竞赛中的长跑，从起点一开始就得使尽全力、飞奔向前、冲向目标。否则，就会被淘汰出局，落个很不光彩的下场。

了解对手，才能知输赢。

竞争需要胆量，没有胆量就不敢竞争。

就赛场比拼来说，有实力，不惧对手；没实力，就怕对手。

取胜都是背后准备充足的结果。

竞赛场上拼杀一番，不到最后不罢休。

凡为别人喝彩的，自己永远站不到领奖台上。

处处争先，才能永远领先。

别忘了，竞争是人类生存与发展的手段和根本。

抬不起腿、迈不开步，永远别想先人一步。

记住：打败对手，并非一定要置对手于死地。

在竞技场上，开局不妙是不是意味着败局已定？不，转败为胜者常有。

接受失败比赢得不仗义更光彩。

一个真正有名的赛场猛将，不在于一直称霸赛场，更重要的是即使遭受挫折，仍能坚定地朝着自己的目标奋进，绝不怯场和退缩。

其实，比赛就是强攻与巧夺、控制与反控制的较量。

勤　奋

人生苦短勤耕耘，莫等到老恨无力。

聪明的人不努力，再易的事情难做成。

对闲不住的人来说，成功当勤勉，不成再努力。

不到痴迷，难出业绩。

文外功夫深，下笔著佳文。

从小手不懒，长大人也勤。

人老好学心不老。

记住：勤变聪、懒变愚。

辛勤耕耘育英才，桃李芬芳自生辉。

勤学长进，苦练有功，不畏艰难，勇于攀登。

用自己的汗水换来的果实，吃得香甜。

自愿埋头苦干、不愿抛头露面，这样的人实在。

读写无止境，功到收获丰。

成功：勤奋人的酬金。

勤耕于泥土，丰盈于粮仓。

苦练强兵，骄兵必败。

功成垂青于不辞辛苦之人。

技不压群难出众，人不勤奋难成功。

勤恳耕耘不言苦，汗水浇出幸福果。

好问不迷路，好学增智慧。

涉猎书海，永不满足，乃勤

学之人。

　　天赋只是给人一个好的条件，至于做事能不能成功，关键还是要靠自己的不懈努力。

　　有知在于勤奋，无知懒于耕耘。

　　有才智加勤奋，你就能做出他人想做而做不出的成绩。

　　勤奋是成功的母乳。

　　成功的要件是虚心，根本是勤奋。

　　年少记性好，多学趁年轻。

　　没有勤奋，难有天才。

　　未来属于不懈耕耘的人。

　　天分加勤奋，才华更出众。

　　好学与勤问，是求知的最好路径。

　　天才的形成少不了勤奋，勤奋是培育天才成长的沃土。

　　蜜蜂不勤难酿蜜，人不勤奋难成器。

　　勤学在点滴，点滴见学问。

　　学东西不恨其晚，晚比不学总要强。

　　笨鸟要先飞，重在人前学。

　　成功是勤奋的结晶。

　　进步大于成绩，成绩来自努力。

　　对勤奋者来说，成功不必太急，它只是个时间问题，早晚都会如愿以偿。

　　生活就是这样，你想比别人过得好，你就得比别人多辛苦。要知道，天上不会掉馅饼，唯有勤实劳动，才能换得甘果。

　　勤有道，事竟成；勤无方，事不成。

　　有天分的人与常人的不同之处，就在于勤奋。无勤奋，固有天分也没用。

没有春天的耕耘，就没有秋天的收获；没有辛勤的努力，就没有成功的喜悦。

勤奋使人进步，懒惰使人退步。

凡将勤奋视为金科玉律的人，没有一个事业上不能成功的。

成功者不是天生的，而是勤奋造就的。

人人都渴望成功，但成功只能属于那些自信加勤奋的人。

起早的鸟有虫吃，勤快的人有出息。

勤奋工作总能换来丰厚回报。

天赋难买到，勤奋人更聪。

辛劳是成功所必须付出的代价。

记住：天上不会掉馅饼，要想获得幸福，就必须付出辛勤的劳动。否则，就是妄想。

表彰是对辛劳的犒赏。

如果他人胜你一筹，那么你只有努力，别无他途。

挑战无处不在，成功源于勤快。

鲜花和掌声靠勤奋得来。

广博的知识，来自于勤奋。没有勤奋，何来知识富有？

天赋与勤奋是分不开的。有天赋不勤奋做不成事，而有勤奋无天赋也做不成大事。

成功是勤奋之果。

勤奋是爬高的阶梯。只有勤奋，才能攀登知识的高峰。

人勤地不懒，果丰汗水生。

事成是努力的结晶。

差距就是动力，赶超必须奋进。

轻松才不成，勤奋成才快。

世上有些事，看起来很简单，如果不努力，仍然办不成。

一个人只要能全身心地投入到自己的工作中去，即使能力一般，也能取得比较不错的成绩。

苦其心志而知努力，坐享其成而颓废。

说我有才华，只不过人玩我不玩而已！

瞬间的成名，往往是由平时的积淀而促成。

勤无难事，俭不忧贫；奢侈浪费，毁家败身。

合 作

同心要同志，合作不合污。

隔邻不隔心，和谐似家人。

众志成城力凝聚，你东我西各分离。

倡团结友爱，忌拉帮结派。

拆除心里篱笆，才能齐心奋发。

敬业乐群，业绩更卓。

不协调，人多也是松散无力的。

斗则伤，和则赢，既是经验也是事实。

心凝则胜，心乱则败。

干什么事都一样，携手必成，纷争必败。

不管一个人的智慧有多高、力气有多大，也大不过集体的智慧和力量。

要团结，不要分裂。讲团结是一种品德、一种素质，更是一种能力和境界。

一个人的能力是有限的，谁都不可否认。但只要你愿意与人合作，就能弥补能力上的不足，并能取得更为明显的成绩。

要知道，不管对上对下、对内对外，只要有一个良好的人际关系，就是一笔巨大的精神或物质财富，在你需要的时候，必然会给你丰厚的回报。

一个人获奖不难，难的是整个团队的人都能获奖。

通常，获胜离不开别人的配合，孤军作战往往寡不敌众、败于对方。

上下不同心，好事难做成。

凝心事成，内讧事败。

胃"和"心安，人和不乱。

抱团最具凝聚力与担当力。

人与己不合作怎么办，那就是用自己的行动帮助不合作者成为合作者。

人多肩上担子轻。

只有吃过内讧之苦的人，才知内和之珍贵。

谁能抱成一团，谁就能打败天下无敌手。

人不合作力分散，克难攻坚且莫谈。

负荆请罪心意诚，不计前嫌和为贵。

一个人的主观努力，往往与周围的环境分不开。离开了周围的环境，光靠个人的主观努力是不成的。

人和力量大。

集聚力量大，纷争易攻垮。

合作是胜利的法宝，不合作就难取胜。

单枪匹马是没多大力量的。

事成内和，力生合作。

人少心齐成大事，人多涣散

事难成。

性格相同者有利合作。

一个人在获得成功之前，必须受到别人的尊敬，否则，他就无法赢得别人的合作。

不管你和谁搭档，并想做出业绩，首先要与对方搞好合作。不然，一切都成空谈。

在一定场合下，能给自己的"敌人"敬个礼，往往能改变他对你的敌视态度。

别忘了，朋友相处亲如兄弟，即使有点矛盾或分歧，也没必要浪费更多精力搞没有结果、也毫无意义的争执。

民主生活力，团结有力量。

人我无间贵融和，离心离德难合作。

在一起共事是缘分，明争暗斗让人恨。

心齐才能劲足，劲足才能将任务完成。

有合作的意愿，才有行动上的亲为。

冒 险

不敢冒大险，也就无大功。

要想吃到甘果，就得上树采摘。

某种情况下，没有危险，便没奇迹。

高风险才有高回报。

干大事不冒风险，难随心愿。

风险挨着成功，想成功就不能怕风险。

险，强者敢上、弱者胆怯。

越冒险，越要把险情分析清，尔后再行动。

对盲目冒险的人来讲，死亡将是自己的结局。

不研究市场、盲目投资，既冒险，又很难成功。

遇险见巧智，成功靠拼搏。

危险处处有，怕险有危险。

事实上，冒险犹如排雷，千万不能疏忽，否则就会粉身碎骨。

不干重活不觉累，不攀悬崖不知险。

爬高虽危险，但站得高、看得远。

不敢冒风险的人，是很难取得成功的。因为风险常常伴随着成功，成功的路基往往由风险铺就。

其实，冒险的目的就是追求成功。

敢冒险要胆量，但它比"置死地而后生"的精神还差那么一点。

人要有点冒险精神，敢于打破常规，闯出自己的一片天地。只有通过冒险取得的成功，才是你一生中最大的幸福和快乐。

遇险如同遇猛兽，你不怕，往往就能战胜它；你若怕，必定死于它口下。

心细是冒险的内在要求。

凡敢爬悬崖峭壁的人，都是胆大的人。

越试胆越大。

敢到无人到过的地方去探险，即使无所获，说明胆也大。

冒险不是盲目、莽撞和硬闯，而是心细、机灵和勇敢。

有把握不叫冒险，冒险都是在把握一时难定的关键时刻显现。

一个艰险，其实就是给自己一个考验，闯过去就是一片蓝天。

机 遇

机会不常有，留意能抓住。

想不到的东西反而得到了，这就是幸运。

把能争取的机会都用上，不成也无怨。

机遇似流水，疏堵就溜走。

抓住机遇，就等于抓住成功。

机会来了把握不住，就是迟笨。

敏锐的眼光——发现机遇；智慧的头脑——把握机遇；勤快的双手——成就机遇。

真有慧眼的人，总能抓住机遇，想逃逃不掉。

机遇，抓住了是金子，抓不住是沙子。

机会是有的，懦夫碰不到。

不经意中存商机，留心者才能抓住。

机遇既不守时，也不守规，随时随地都会现身。

不要埋怨没机会，机会常在你身边。

机会有时只有一次，一旦错过，终生遗憾。

市场价格难固定，说变就变，谁能把握时机，谁就能大赚一把。

对求职者来说，这山望着那山高，宁愿自己在家待着，也不愿干不适合自己口味的工作，这就大大地限制了自己，使自己本来能干的工作也因此失去了机会。

机会是等不来的，只要准备好了，它就真的来了。

凡事都要两面观：世界充满机遇，也充满风险。

机会改变命运，进取创造美好。

行动赢得机遇，坐等一无所获。唯有行动，才是捕捉机遇的保证。

人间到处充满机遇，唯有细心者才能抓住。

大凡成功者的过人之处，往往都能紧紧抓住刹那间的偶然机会，做出令人惊奇的成就。

机会不服管，能抓住，它就顺从。

任何事情若能抢占先机、先发制人，事情的成功往往非你莫属。

切记住，被动变主动，主动权就掌握在自己手里。

能做而不做，见机而不为，这就是懦夫。

凡能意识到的东西，必须抓紧把握，错过了就不会再来。

有些事，该出手的就出手，迟疑就会失时机。

选择不可盲目，但不可优柔寡断，当断不断，贻误机缘。

抓住了机遇，就抓住了希望和拥有。

平凡的人大都比较务实、努力、不张扬，机会往往就落在这种人身上。

机会来也匆匆、走也匆匆，唯有一个"空档"都不放过的人，才能抓住它。

其实，歪打正着既是幸运，也是巧合，不必司空见怪。

人时运不佳当属正常，不必气馁，要创造条件，争取机会。

瞬间改变命运，关键把握机会。

成 功

失败别气馁，找准窍门准成功。

想别人不敢想，做别人不敢做，成功的概率就高。

记住：通向成功的路没有平坦的。

看似无望之事，不妨敢闯一步，或许就能成功。

成功不会自来，只能靠拼搏才能把它"请"来。

能在困难的时候战胜自己，成功一定归属你。

成功在于持之以恒、永不退缩之人。

永不言败是成功的精神动力。

从某种意义上说，一个人的成功就是做人上的成功，一个人的失败就是做人上的失败。

曲折的成功有经验可说。

成功属于不怕困难、敢于吃苦、勇于拼搏之人。

谁征服了困难，成功就"嫁"谁。

坎坷铺就成功路，一路艰辛一路歌。

刹那的成功，往往需要数年的努力。

天下没人不想成功，但所有成功都不像风吹柳絮那么轻松。

成功由细节构成。

要知道，成功的路很多，但行动是成功者的必经之路。缺此，不可。

借他人之智成就自己，的确是通向成功的便捷之道。

岂不知，事情完全做对与事情几乎做对，就是成功与失败的差距所在。

从某种意义上说，成功不等于成熟。一个人获得成功相对容易，但各方面都成熟起来就比较困难。

成功取决于态度。态度不端正，做事难成功。

能据其力而睿智选择，才会拥有更大的成功。

成功从付出开始。没有付出，就没有成功。

其实，阻碍人的成功，有时并不是未知的东西，而是已知的东西被用错了地方所致。

从某种意义上说，选择就是成功。

心态决定胜负，成功由己掌控。

成功路上无止境。没有尽头，只有继续。

其实，成功是个继续，并非是个终结。

记住：准备工作做得越充分，成功的概率就越高。

对干事的人来说，谁老怕出错，谁就别想成功。

手脑并用是成功的秘诀。

失败，乃成功付出的代价。

其实，成功很简单，只要从眼下开始，一点点去做就不难获得。

成功等不来，唯有干才成。

不要在成功的路上歇着。

真正的成功往往离不开寂寞的耕耘和厚积薄发的铸就。

成功不是硬想的，重要的是靠手不靠嘴。

对一个人来说，成功与否都

是人生的一些经历，这些经历是一笔笔财富、一笔笔金钱所无法代替的财富。

成功了不一定达到一个什么高度，只要你把事情做好了，你就成功了。

一个人无论干什么事情、做什么行当，只要你在你的岗位上做出了一点别人想做而没有做到，同时又难以重复你的工作，那么，你就会成为你有别人无法取替的一面，哪怕是很小的一面，在这个意义上你就是成功的。

如果一个人的一贯行为，能对大多数人的价值观起影响作用，那么，他的功业要比发明创造某项成果大得多。

记住：成功在实力，没有实力靠侥幸，那是指不住的。

当一个人取得某种成就时，人们就会说，这人"不简单"。"不简单"其实也简单，简单的事做到极致时就是"不简单"。

谁选择坚强，谁就不易被打倒，谁就能成功。

失　败

为失败找借口，实际上就是为错误打掩护。

花点学费买教训，看似亏本实为盈利。

细节决定成败，特别对当头的来说，抓大局别忘管细节。

其实，人碰壁多了，也就变得聪明多了、成熟多了，对人、对事的认识也就更加深刻了。

人失败不要紧，就怕一蹶不振。

失败是成功的一部分，也是对成功的一种必要投资。

干事没有不失败的，失败并不可怕，不失败倒不正常，关键

就看你对失败所持什么态度。

失败与教训是人生历练中不可或缺的宝贵财富。

其实，失败并不是终点，而恰恰是迈向成功的起点。

其实，认输也是一种"赢"，并且是一种必要的养精蓄锐和缓冲。

失败能让人从骄傲自满、忘乎所以中清醒过来，并激发战胜失败的勇气。同时，通过在战胜失败的过程中，使自己的意志进一步得到磨砺和增强。

一个理性而又聪明的"失败者"，绝不为一时的失败而气馁，他会认真分析失败的原因，总结经验教训，继续寻求新的突破，直到成功。

岂不知，失败并不可怕，可怕的是你在心灵上已被打败，并且又没能从中吸取教训，导致重蹈覆辙，最终落得个无可救药，太让人痛心。

有些事，泄露秘密就必败。

失败了又崛起，不能说不是一种荣耀。

感受失败，抢抓机遇，胜算在己。

无论干什么事情，谁都不想失败，但谁又能百分之百的成功？

醒悟总在受挫之后才明白。

你可知道，一些人做事之所以半途而废，并不是他所遇到的困难大，而是因为他觉得自己与成大事者距离太远。正是由于有这种心理上的障碍，所以导致最终的失败。

其实，失败有很多原因，其中"面子"是最大的障碍。因为"面子"会让一个人在面临大事的时候，战战兢兢、束手束脚、惊慌失措，所以导致失败。

一个羞愧的失利要比一个偶然的胜利可贵的多。

因种种原因导致自己多次失败，而自己从不把原因推卸给别人，并且能够一如既往、坚持到底，那么，这人才是真正的胜者。

事成飘飘然、失败就埋怨，

这样的人绝没大出息。

侥幸成功倒不如失败更硬气。

失败不可怕，怕的是不能正确面对失败。

不断尝试失败的人总比无所事事的人更可敬、更值得称道。

失败了，不要泄气；鼓足劲，重新再来。

探索失败是正常的。没有失败，也就没有探索。

不为失败而劳神，要为成功而拼搏。

耐　性

遇事能忍贵似金。

网线忙，点坏鼠标也没用。

受点委屈、挨点骂，只要不是原则问题，能忍一忍就过去了，何必争高低、论输赢。

曲不动人死不休，事不做好不罢手。

困难能造就一个人的坚韧与非凡。

被人打趴九十九回，第一百回能站起来，你就是好样的。

忍耐既是一种修养，也是一种力量。

忍不是怯懦、不是无能，而是以退为进的一种手段、一种谋略。

忍是一种境界。它不但是智慧的抉择，而且是成熟的表现。

没有耐性的人，干什么事情都坚持不了多久，成功也绝不会垂青这种人。

人在夹缝中生存，忍为上策，耐不住就自毁。

忍是缓解矛盾的一剂良药。

忍耐不是单纯的品格个性，也是一种智慧和谋略。把握好忍耐，事态就会向好的方向发展。反之就会恶化，甚至难以收拾。

忍耐也是一种力量的蓄存，相反则削减。

遇到寒冬别发愁，春天总会到来的。

某种情况下，人受窝囊气，先忍后理论，不然就会把事情闹僵，甚至无法收场。

有些人或事，今天不理解的，总有一天会理解；今天难把握的，总有一天能把握。时间不仅可以化解各种矛盾和摩擦、消除各种偏见和误解，而且还可以赢得更多的认同感和亲近感。

一个人的内心越强大，他的抗压能力就越强。

有时，忍气吞声倒是个权宜之计。倘事事如此，那就是典型的懦夫。

人要有耐心。没有耐心，干什么事情都有始无终。

忍耐往往能找出成功的诀窍。

耐心是急躁的克星。

等待，没人不盼事成，也不排除失败，但事成总比失败多。不然，傻瓜才等待。

凡受痛苦折磨深的人，忍耐性最强。

任何改革都会遇到阻力，坚持住，别理它。

在成功者眼里，没有什么屈辱和委屈不能强忍和咽下。

生活中常会遇到这种情况：人强势你能忍，往往是你干不过人家；如果你强势被人欺，这时你还能忍，那才叫真正的能忍。

人的耐力是有限的，但是只要你敢于超越自己的身体极限，你就会变得更强劲、更有成就。

品　德　篇

品　格

能使人增色的不是装饰品，而是人品。

自尊不自傲，谦虚不奴婢，乃做人不可或缺的可贵品格。

对奢求不高的人来说，辛苦不要紧，能给一句温暖的话就足够了。

头朝上而两脚踏地是"人"字的象形写法，其意就在于做人要正正派派、实实在在。

当你讽刺、挖苦别人的时候，你的人品也就随之降低了。

人越无知越逞能。

品不端，行不正；德不树，善不为。

水，看似很柔，但冻起来坚硬。

真正的美不是装饰的，而是来自自然本真的美。

健康的人生在于品行。品行不端，人生肮脏。

人有人品、文有文品。人品正、文品立；没有人品，也就无所谓文品。

有些事叫别人难堪，实际上自己也光彩不了多少。

形成于平时、关键时显现，这就是品格。

不踩挤低己之人，不巴结权高之人。

毁坏别人，也损自己。

从艺先做人，无德艺不立。

节操往往在不显眼的小事中显现。

许诺需慎重，落空损人品。

失信就是失人品。

修无形之德，做有形善事。

谦虚受人尊重，骄傲使人讨厌。

自私的人，做事难得他人的帮助和支持。

要知道，身份卑微的人也有自尊心，能尊重这种人更显你的品味高。

在人品上丢掉了自我，也就丢掉了做人的资格。

从某种意义上说，为官者行事低调，既是一种智慧，也是一种境界，一旦拥有将受益无穷。

真心为你干事的人，别人欺负他，你要舍身保护他。

无视功名利禄的人，人敬；一心图名为利的人，人轻。

坦诚直率人易近，虚假阴险最损人。

凡事先替自己打算而不顾别人的人，这样的人太自私。

思想高尚，行为也随其高尚。

谁能把别人的满足当作自己的满足、把别人的快乐当作自己的快乐，谁就是一个无奢无欲的

高境界之人。

不斜眼看人，这对于构筑人的品行不无益处。

立艺先要立德，人品决定艺品。

人品贵似金。

人过于精明即为笨。要知道，耍聪明只能逞一时之快，唯有厚德，才能常立于世。

给弱者以尊重，更能彰显一个人的品行。

风格即人品，它赋予思想以价值，并使其不知不觉地在他人头脑中接纳。

唯有人品最高洁。

凡有求于人而夸人的人，属心地不善者。

不同的品格导致不同的人生。

人品高于人智，没人智不能没人品。

人品做不好，当官更糟糕。

品行不外露，只要与之相处，便知好坏。

健康的头脑，既高洁又长寿，令人敬佩。

常跟品德高尚的人打交道，从他们身上自觉不自觉地就能学到许多好的品质。

别忘了，能害己的人，往往就是自己身边的人。

对看"权"不看人的小人来说，掌权者尤要警惕。不然，栽跟头往往就是这种人给造成的。

一个人要生活的光明磊落，不做暗事，不欺骗他人和自己。

人的伟大和高尚，大半来自日常细行的积累和沉淀，并非一蹴而就。

从平凡到伟大，铺就其间的通道靠什么？靠的是人的日常行为和道德修养。无此，则不成。

有名气无人品，名气越大越毁人。

效仿是儿童的天性，好的榜样塑造好的品行。

一个人无论何时何地都要守住品格、不辱人格，做当荣之事，拒为辱之行，使自己真正成为有道德、知廉耻、弘正气之人。

无原则的小事装糊涂，涉原则的大事不让步。这是为官者必须恪守的一条原则。

因下属领会意图走偏、导致事情出错，作为领导既不责怪他们，又能主动担责，同时还肯定他们的敢干精神，实乃少有的可贵品质。

不把别人当人的人，自己焉能是人？

拨弄是非不得人心，离间他人缺德少品。

小人苟苟且且，君子坦坦荡荡。

道　德

道德乃做人之"根"，如果"根"坏了，这人就是废品。

人的素质由多方面构成，但最重要的是人的道德。道德没有了，所有素质都毫无意义。

人无钱不耻，然而有钱缺德最可耻。

剽窃他人的作品，既是无能的表现，也是不道德的行为。

德不正，则知识越多、危害越大。

当下青少年最要紧的是懂规矩、守道义。

感恩需从内心出发，不从内心感恩是虚假的。

感恩是必须的。因为，人在一生中或多或少都会得到他人的关爱和帮助，这就需要我们应以感恩之心去回报社会，并延续传递这种爱才对。

医德的好坏决定患者生命的好坏。

宁让君子占便宜，不让小人得寸尺。

教书育人，德不正者害人深。

修德修行心贵诚，亲善远恶在于行。

道德乃人的脊梁。

医德抚创伤，技精除病魔。

一个有德之人，必定是个守法之人。

当一个人丧失德性的时候，除了心毒，别无他图。

德高人尊重，才高人佩服。

对一个人来说，道德的坚守比什么都重要。

行动比语言更有力，德行比黄金更可贵。

不管世风如何变化，守住道德底线不能变。

道德教育应从幼儿抓起。

医者，技精心细。误诊，就是杀人。

记住：为人做事要对得起良心，这是道德对人的最低要求。

当面充好人、背后做手脚，这种人当防。

循道德而为，不做伤天害理之事。

亮不过太阳，黑不过人心。

积德需一生，毁德只一朝。

没有了道德，也就没有了人味儿和人格。

德立而行随，德不立者行

不随。

有人说，法律是道德的最低要求，我说，道德守住了，法律也就无足轻重了。

把别人的东西窃为己有，实属盗贼之所为。

传承道德，净化心灵，做个有益于社会和人民的人。

要知道，道德的光芒要比阳光更明亮、更灿烂、更耀眼。

在现实社会中，重德、立德、育德、律德，以德正气何等重要，必须大力倡导。

以道德力提升公信力，比用法规约束更持久。

心术不正，点子也歪。

以龌龊之口，毁他人之誉，乃缺德之为。

人要有"仁"德。要知荣辱、懂感恩、尽责任、淡泊明志、宁静致远，使自己真正成为一个内心充满自信和阳光之人。

就道德与才智而言，道德能弥补才智上的不足，而才智却无法弥补道德上的空缺。因而人有才智固然好，但道德比才智更重要。一个人如果没有了道德，那么，他的才智越高，往往对人类社会的危害就越大。

一个人如果做了伤风败俗的事情而不知羞耻，那么，人类的道德就会被他抛弃的一干二净，这样的人怎么还能有脸在世上活！

真诚是每个人应有的美德，有时善意的谎言更能彰显真诚的力量和道德的光辉。

公道自在人心，损德难逃谴责。

道德润人心，人间暖如春。

大凡仁德广施之人，总能以谦让自守，以仁爱之心爱人，以慈善之心对人，绝不嫉贤妒能、损害他人。

只要你崇德向善，你就会受

到众人称赞。

人在道德的阳光下生活，才觉温暖、和谐和幸福。

践行道德人人要做，守护道德人人有责。

人的品德高尚往往是由人的行为彰显，并非说教体现。

人没道德就没人性。

无德良心泯，无善德难立。

无德人不立，德比天资更重要。

从某种意义上说，人没耻辱感就没责任感。

狗比人强，似乎是一种侮辱，但对有的人来讲，确实不如狗。

遵法重德，利人利己；违法损德，害人害己。

心中无鬼，则无愧。它是做事的一种态度，也是道德养成的一个自觉和彰显。

只有把道德寓于每个人的生活之中，我们的这个社会才会更加美好、和谐与幸福。

人没德性，与禽兽同类。

其实，道德也需要撑腰。其支撑的力量就来自于我们每个人的道德自觉。

一个人如果违反职业道德或昧着良心赚黑钱而得不到惩罚，那么，弃守道德底线的事件就会屡屡发生，甚至效仿这样的人就会越来越多。

记住：灾难面前最能彰显一个人的崇高与卑劣。

健康向上的道德观念只有转化为社会群体意识，才能为人们自觉遵守和奉行。

是"大家"，更要有大德。大德是"大家"之魂，没有大德的"大家"害更大。

凡强迫别人做而不愿做的事，是不道德的行为。

好在当众面前出他人的丑，实际上就是耍弄别人、毁人声誉的一种恶为。

凡事打点"提前量"为好。要知道，道德的防线一旦失守，其背后的法律构筑也就会摇摇欲坠、迟早垮掉。

道德不仅是一个人的良知与修养，而且是社会的共同责任和担当。

人失去德行，也就失去了做人的根本。

有时，在法不治众的情况下，还是靠德更凑效。

人　格

没有比人的尊严更能彰显人的人格了。

事实上，敢于认错，不失为一种人格魅力。

千难万难，唯有做人最难。

尊严要守住，人格不可辱。

捍卫自己的人格，绝不让人侵犯。

人格的根基在于诚信。人不诚信，何来人格？

名可抛、利可弃，人格丢不起。

对人格的侮辱，有尊严的人在情感上立刻作出反应，无耻之徒却没有这种感觉。

记住：骗取荣誉是人格上的一大耻辱。

遭受人格侮辱不抗争，活该。

失原则、丧人格，乃小人所为。

宁受朋友九十九回批评，不受小人一次在人格上的侮辱。

唯有人格，才立得起、站得稳、受人敬。

人，最恨他人捉弄。你捉弄人家，迟早人家也会捉弄你。

失名节就是失人格。

其实，守信就是守人格。不守信，人格也就丢掉了。

人格不分贵贱，它是平等的，而且重尊严。

人格的力量源于人的平常心。心灵富有比什么都有感染力和凝聚力。

有些事，只考虑自己的感受而不考虑别人的感受，实乃损人、自私的表现。

人与人是平等的。如果一个人总觉得自己比别人低一等，那么，你自己便把自己的人格给降低了。

无论做官、做事、做学问，最根本的就是做人。"人"字一撇一捺，看起来简单，写起来利索，但真要把人做好，相当不易。

一个人如果不择手断地去追逐名声和钱财，那他在做人的同时就一定会失去自己的人格与尊严。

谁在权贵面前点头哈腰、唯命是从，谁就是典型的哈巴狗、软骨人。

一个人的体格健全，但心里残疾，这是人格上的最大缺陷。

没人格的表现就是，卑躬屈膝、低三下四。

人格与金钱不能混同。要金钱不要人格，那就最卑鄙。

遭别人污蔑、责骂，只要没侮辱人格，那就忍耐。

唯领导是从者，大都存有个人目的。

人穷不可怕，但怕人格受

侮辱。

两脚踏地头朝上，做人就要像个样。

郑重场合，顾及脸面，就是维护尊严。人不顾脸，那就丧失人格和尊严。

美 德

人的善行是由美德铸成。

唯有美德才传名。

退一步向前冲，比先一步向前跑，赢了让人服。

肩负重担，不求重用，实乃高境界之人。

外表美只是一种丽质，心灵美才是真正的美。

记住：亲善友、尊长辈、爱幼小、孝双亲，既是传统美德，也是做人必守。

师德，为人师者，必守。

不伸不义之手，不做亏人之事。

知热知冷慈母心，一辈子报不了娘的恩。

让美德占满心灵，邪念就无法挤进。

德福相伴，德高福大。

美德见诸于日常行动，而不是突击做作。

扬善者之美德，给善为以鼓励。

德从善中来，善多德更广。

一个人如果真打内心遵从道德和善行的话，那么，这个人就能在这个世界上让自己变得更美。

利人最富有，助人最快乐。

致谢是知恩报恩的一种表现，忘恩负义则是对良知的一大蒙羞。

健心先育德，德不育者心不健。

出身低微无怨悔，荆棘丛中见蔷薇。

美德从内心溢出，并由行为验证。

贫先自贫、富先民富，乃为官者之美德。

人没感恩之心，其心里就会充满怨恨和不满。时间一长，人就失去了对美好生活的依靠，继而就会变得失落和悽惨。

德高，行为正。

一个人如果能怀着一颗感恩的心去品味生活，并能和周围的一切融为一体，那么，愉悦和幸福的泉流就会打心底里涌出。

知恩并不难，难的是报恩。不管你的条件如何，只要有一颗报恩的心，你在对方心里就有了

分量和暖意。

生活是变化的，变化的生活不可能像你想象得那么美好，但无论怎么说，它对你都是一个锤炼的利器。

说白了，报恩就是他人的善为打动你之后而得到的馈偿。

传承传统美德，你我责无旁贷。

人善有人偎，德高人尊重。

谁懂得知恩感恩，谁就是个富有之人。

除了生命以外，没有比人的良心更重要的了。

德立善从，无德善空。

容人过错是大度，施福结缘是美德。

行为彰显品德，品德外化行为。

守德为修身常记，善行为积

德增美。

只有经过时间沉淀的美德，才能在电光石火的一刹那，演化为一种行动，做出一番壮举。

平时的行为能衡量出一个人的美德高低。

传统美德不能丢，世世代代应传承。

宁愿自吃亏，也不失德性。

有的人就是这样：一贯得到别人的帮助，自己从来没有一点表示感恩的心，可在别人需要帮助的时候，即使自己的条件好也无动于衷，这种人实属典型的忘恩负义之人。

人的德性胜过人的生命。

关心你的人，不管你接受不接受、知道不知道，你都要感谢人家。

从某种意义上说，懂得感恩的人，必定是个成功的人。

德美人最美，美在内心不在外。

能给犯点错误的人以宽容和理解，是一个魅力型领导者的重要品质。

知恩图报是良知的一个现实行动。

不知感恩的人不配世上活。

母恩浩荡，盖世无双。

事实上，怀着感恩的心，人才容易满足，生活才多了几分恬淡、少了几分躁动。

德美亲情美，心心最相印。

苦在逆境不抱怨、福享顺境不放纵，这更能彰显一个人的美德。

弃小事，难能做大事；积小善，方能成大德。

谁能用感恩之心来丈量人生，谁就能知道生活中不是缺少感动，而是缺少发现。

以感恩之心创造生活，生活才更甜更美。

善 恶

倡善行而禁恶为。

善行缘起善心，无善心难做善事。

去掉邪恶，净剩善良。

吃斋念佛行善事，佛口蛇心害惨人。

好心得不到好报，虽有，但是少数。

骗人易，骗自己的良心难。

倡善行必须从当下做起。要知道，每一个看似很小的善事，其实都是社会道德重建的起点。没有小善，也就没有大善。

唤良知在于心，倡善为在于行。

善增一寸，恶缩三分。

人善德之显，德美人更善。

能给无助之人以帮扶，这样的人是好人。

不做亏心事，为人善在先。

你可知道，真诚与友善可以让人从阴谷走向光明大道。

心里无恶，做事就善。

积德行善，益寿延年。

能将心比心，才不至于愧对人心。

乐善好施人美，慷慨助人自乐。

为人做善事，为己不损人。

对一个好人的迫害，就是对所有好人的威胁。

立德人之本。德不立者，恶从之。

横眉指邪恶，爱心送弱者。

扬善行之美德，做世间之好人。

人怀善心对人好，人存恶意就毁人。

善心越重的人，越对坏人缺乏戒备心理。

不攀富贵、不欺穷人，不做损德不义之人。

谁有善心，谁就不会把别人的痛苦置之度外。

为人做事不愧对良心，乃做人之根。

都说做个好人难，其实也不难，只要你能始终保持良心这面镜子不沾灰尘就行了。

要知道，人的心地善良，思想也就纯洁无污，即便心里再窝气，也不会做出奸诈险恶之事。

不管世道如何变化，人的向善之心不能改变，只要你能拥有一颗善良的心，你就是个问心无愧之人。

岂不知，一个小小的善行，往往能成就一个人的伟业。

真正善良的人，从不想着为人做事要回报，总以为这样做是自己应该的，但幸运之神也绝不会忘记这些人，适当的时候总会给他们以丰厚的报偿。

做人要有良心。要真诚、友善地对待他人，并懂得知恩感恩不忘义，这样的人生才幸福、才有意义。

让别人做善事，自己首先做善事。

播下一颗善心，收获的将是爱的酬谢。

行善从不损失，长了必受馈偿。

仁厚友善广结缘，慈悲为怀天下和。

一个人只要怀有仁爱之心，就不会对他人的不幸遭遇袖手旁观、不闻不问。

爱于心、践于行，送人玫瑰，手留余香，乃人生一大快事。

恶不离善，善硬恶就退。反之，被恶吞。

与人为善人称道，良心缺失最害人。

善人，无论别人怎么对他，他都不会害人。

离善越远，离恶越近。

记住：以善为人、与人为善，实际上就是一种爱心的体现，也是一种人生的智慧，既能给人以温暖，又能给自己带来快乐和幸福。

其实，做善事不要问为什么、图什么，因为，很多好的品德和举动都是举手之劳或本性使然，并没有那么多为什么、图什么，只是在人急需帮助时本能地去做罢了。

一个人昧良心的事做多了，当他醒悟后，其内心受到的自责，要比别人骂出来更难受。

对有的人来说，真话往往在遭到良心的谴责之后才"逼"出来。

人有一颗善良的心，就不会对他人使坏。

别忘了，能给你施加压力的人，往往都是你最需要感谢的人。

倡善举献爱心，乃人生一大快事。

"向善"社会之需要，人人须践行。

人太善觉得别人也善，吃亏就是你不分真伪的心善。

功可忘而过不可忘，善可做而恶不可为。

不要依仗他人的权势来助长自己的恶为。

容忍恶人，就等于扼杀好人。

正　直

直人说话不拐弯，内心有啥就说啥，这样的人好处。

一个人只要不干违心和出格的事，什么流言蜚语也不戳自破。

正直的人品，坦荡的胸怀，光明磊落不信邪。

正直的人没有坏心眼。心正则处事公平，身端则邪恶难攻。

从某种意义上说，生命诚可贵，但正义比生命更可贵。

其实，昂首腰不弯是做人的气节，忍辱负重也不失为为人处世的权宜之计，而且是为了今后更好地扬眉吐气。

顾上司旨意而不顾原则、规定，将不能办的事情硬办。这既是对权力的亵渎，也是对法规的藐视，应予坚决抵制，决不让步。

生活中，逆来顺受的人绝不少见。一些本来是错的，甚至违反原则的事，只要领导说了，谁都不去理论，一味按其说得办。当然，执行领导指示是对的，但错误的东西，尤其是出格的事绝不能顺着来、跟着干，要敢争、敢谏才对，否则就是懦夫。

警觉：在权势暴力的背后是公开正义的缺失。

人正不惧歪风。

甘愿受人气，缘于没骨气。

不畏强权，不谋私利，一身正气立天地。

人正不偏倚，处事最公平。

犯颜相谏，据理力争。

对正直的人来说，流言蜚语又算得了什么？顾不了它，坚持

自己的。

正直的人对认准的事往往一干到底。

流言蜚语对正直的人来说是打不倒的。

没有正直，就没有正义。

正直的性格很难改变，也无需改变。

直人说话侃"实底"，虽不中

听但有益。

人不正直就使坏。

不欺骗人生的人，才是光明磊落的人。

理由正当，拒人何妨？

离开了正直，人就走了邪道。

头顶蓝天脚蹬地，做人就做正直人。

孝 道

厚己而薄父母者，乃最大不孝。

人没孝心，便没爱心。

对父母不孝者，难忠国家、难爱人民。

不行孝道，天理不容。

孝敬父母，贵在己心，不在

穷富。

父母养我小，我养父母老，天经地义不可违！

娘恩比天大，一生难报答。

孝子出自严家教，家教缺失子难孝。

尽孝心，就是尽责任。嫌弃

或遗弃父母者，实属天理难容。

孝在于行动，而不在于嘴说。

不惹父母生气，也是一种孝行。

为人父母要大爱，为人儿女要大孝。

孝敬父母尽心意，父母高兴我开心。

不孝爹娘，儿难孝你。

官不孝父母者，绝不会爱百姓。

事师如父，尊师岂可分贫富！

孝是我们的传统美德，孝敬父母、孝敬长辈，是每个人都必须遵守的行为准则。

知恩不报没良心，施恩图报也不"仁"。

世上没有什么比孝心更能让人心动的了。因为，孝心最能彰显一个人的本性、良知和

道德。

父母之恩报不尽，孝敬二老要尽心。

纵有天大的本事皆由父母赐予。

孝养父母是本分，无需他人来张扬。

父母之恩重如山，至死难以报答完。

父母疼孩子没有二心，孩子对父母就看孝心。

最慈爱的莫过于父母，最不孝的莫过于逆子。

家风折射人品，家风不好人品难优。

受文化熏陶且知情懂礼，这样的人最孝敬老人。

记住：父母不会毁孩子，听父母的话没错。

父母疼爱孩子比谁都尽心，

但孩子孝敬父母就三六九等了。

无论时势怎么变化，尊老爱幼的传统不能变。

不孝父母能敬他人，纯属假话。

在物质条件比较宽裕的今天，孝敬父母不在于吃穿，而在于敬老的一片心。要抽时间常回家看看，陪陪父母说说话，帮他们捶捶背、洗洗脚，让父母感到心里高兴，这就是最大的孝心。

人有孝心，才有孝行；人没孝心，难有孝行。

谁人不曾年老时，年轻岂能不尊老？

人来世上总会老去。善待今天的老人，就等于善待明天的自己。

千万要记住：父母疼你、爱你，并为你好，别惹二老生气、别犟嘴，免得他们过早得老去。

孝敬父母在当下，不孝受谴责。

宽　容

给别人留一点宽容的空间，就会给自己提供拉近与他人的距离。

一个人如果与朋友的朋友有意见，就力劝自己的朋友不要与这人交往，这种"唯我排他"的记恨心理，实属小肚鸡肠，不足为取。

有些事，不提不是忘记，而是怕提再伤和气。

人有难处多体谅，能知己错可原谅。

人可以跟我过不去，但我不可以跟人家过不去。

111

互容、互谅、互帮、互助，是铸就人与人之间长期共处的基石。

宽容人缘好，怀仁多知音。

人受委屈不显露，乃大度之人。

宽容是相互的，也是相通的。

谁能容别人不能容忍的事，谁的心胸就开阔，谁就能在事业上取得更大的成就。

一个人能面对讥讽不发怒，既是一种雅量、一种胸怀，更是一份难得的智慧提升。

有些情况，看似包容了别人，实际上受益的仍是你自己。

人争一口气，有时也要咽下一口气，这不是软弱，而是一种胸怀和气度。

恨难消痛，唯有宽容才治痛。

一个真正懂得宽容、礼让的人，他的人生之路必将越走越宽广。

宽容和忍让既需要一种胆量，更需要忍受委屈，不然难以做到。

与人相处切记，责难之心少有，宽容之心多些。

你要想获得平和的心态、享受心情的平衡，那么，你就要学会忘记烦恼和怨恨，做宽容他人的人。

宽容是一种修养、一种境界，如果一个人不经艰苦的修身养性，那是很难做到的。

一个富有宽容心的人，往往看人家的优点多、缺点少，鼓励多于责难，大度的很。

生活中，忍人所不能忍，既需要一种宽容和忍让的心态，更需要一种勇气和毅力。

宽容不等于姑息，该宽容的谅解，不该宽容的绝不迁就。

包容才能和谐，和谐才能人安与事顺。

恼恨别人伤自己，人怀大度益身体。

宽人以树德，严己可正人。

一个人的胸襟大小，往往能决定其境界的高低、成就的大小。

人人需要有包容精神，但包容并非与生俱来、自然形成，它需要主动学习、自觉培育和修炼才行。

体谅既是一种宽容，也是一种力量。

处邻是大事，也是学问。邻里关系淡漠，不仅易于造成情感上的孤独，而且更不利于和谐社会的构建。因此，与邻里相处，信任、宽容、尊重，千万要记住。

惹你发怒而不怒，你就是大度之人。

懂得宽容的人生，是美丽、温馨的人生。

无意者伤害了对方，有意人应当原谅，这就是宽容。

没有怨气的宽容比责难更难。

大度能容难容之事，厚德能忍难忍之仇。

有些事，忍为上，糊涂最好。

真正有大度的人，能把天装下。

能用阳光和宽容的态度对待失败者，本身就是一种最大的鼓励和安慰。

大爱无仇敌，仇恨伤自身。

和则心诚，恕则大度。

能容下人的个性，既是一种胸襟，也是一种智慧。

嫉妒生烦恼，包容便是福。

多结人缘少结怨，日后遇难有人帮。

作为上司，如果能对下属的过错既往不咎，那么，下属就会对你忠诚有加。

诚　信

诚信是立身之本，是事业兴旺发达之根。

诚实守信人敬佩，言而无信失民心。

出言如九鼎，诺言重如山。

能被人信，人认为你实在；不被人信，人觉得你虚伪。

心不诚者身不正，这是事实。

诚实守信，君子；言而无信，小人。

能将自己的所作所为完全、彻底地暴露出来，那才是真实的自我。

宁可先做，不要先说；说过就做，切忌失诺。

善真言者，诚实。

诚能生金。

发誓人人都会，守誓最为金贵。

播撒真诚，收获真情。

政府公信是社会诚信的基石。人无信不立，国无信不昌。

讲诚信是低成本做人，可你得到的却是用金钱买不到的最珍贵的东西。

真诚源于心，心不诚者是假意。

丧失信任易，重塑信任难。

内诚于心，外信于人；"真"字缺失，难以诚信。

诚实守信从"心"开始。

诚者，天之道也；思诚者，人之道也。

谁诚实守信，谁人气就盛。

忠诚是一种力量，也是人类最高贵的美德之一。

养成诚信在于内心坚守。一次诚信不难，难的是一辈子坚守诚信。

人无信不立，业无信难兴，国无信不强。

诚实守信是道德建设的基础，是维护社会稳定的润滑剂。

诚信缺失、不讲信用，既危害经济社会发展，又损害社会公正和群众利益，同时对社会文明进步更是一大阻碍。

诚信从己做起，务必掏尽全力。

真诚最可贵，无论对你的事业、你的为人，还是对你的人生、你的生命，真诚都是唯一能够赋予质量最优的基础品质。

恪守信用是我们中华民族的传统美德，而见利忘义历来为人们所不齿。

在这个世界上，如果人人都献出一点真诚，人间就会变得更美好。

当你跟人打赌和吹牛的时候，你的诚信就值得怀疑了。

不占便宜、埋头苦干，是一个人最诚实的表现。

信誉无敌。

为人诚实，做事踏实。

事实是雄辩的利器和根基。

信誉本身是有价值的，而且比金子价更高。

诚为处世之根，人不诚者难为人。

言而无信，害人害己。

从某种意义上说，失信就是失财富。

诚信既是一种力量，也是一种财富。

失掉信用就等于活着的死人。

人没诚信难处人，人缺自信难成功。

勇　敢

死不足惜，贵在敢为。

强权面前不低头，据理力争敢伸手。

自己跌倒不要紧，你能爬起就坚强。

大胆尝试，不成功，人也敬。

再高的山也有顶，再深的海也有底，再大的困难也吓不倒勇于面对的人。

面对困难不屈服，切忌见难就让步。

不要让标杆挡住你的跨越。

人无欲求无后顾，有些事情就敢做。

没被失败打趴的人，与困难抗争更坚决。

敢向失败挑战的人，没有勇气做不到。

勇气是一种力量，不是身体的力量而是灵魂和精神的力量。

勇者无敌。

人最可贵的精神是：跌倒爬起、再跌倒再爬起，永不言败。

强者跌倒立马站起来，而弱者就没这个勇气再起来。

困难面对勇敢，自动败下阵来。

改变，不但需要勇气，而且

需要智慧。

勇者脚下无障碍。

懦者怕困难，勇者难不怕。

明知困难大，偏向困难攻。

困难压顶不弯腰，愿学青松挺且直。

新局面当属敢闯敢干之人。

打敌不疯狂，那你就死亡。

勇敢不是说在嘴上，重要的是看行动与胆量。

欲言又止、怕露真情，实属胆小怕事之人。

勇敢犹如一双手，困难就像手中的泥人，你向哪捏，它向哪去，任你摆弄。

没有求胜的勇气，竞赛必输无疑。

困难艰巨，战胜了就是强者。

敢言与纳言都需要勇气。

敢于同命运较真的人，才是勇者。

拳头不代表勇敢，机智灵活，敢当、敢为、敢向前，才是真勇敢。

缺智慧往往缺勇气。没智敢拼，不是勇气而是冒失。

别忘了，眼泪是打不动命运的，只有敢于向命运抗争的人，才是强者。

强者遭困境敢抗争，弱者见困难就逃脱。

从心理上先鼓勇气，遇困难才能不惧。

勇敢是成功者的必具特质，只有那些自信、做事不退缩、勇敢而又大胆尝试的人，才能成就一番伟业。

学会接受失去，既是一种聪明，也是一种勇气。

能敢做常人不敢做的事情，那才叫了不起。

当灾难不可避免时，你为此而表现出来的抗争精神也是伟大的。

过错事实已定，悔过更需勇气。

自愿受人奴役的人，无论遇到什么场合都不敢说句硬话。

事难胆大就敢做，易事胆小不敢为。

困境总会过去，低头毫没用处。

攀高摔下也胆大。

困难无所惧，遇到勇气就退却。

有勇不怕难，无勇见难怯。

做不到极致就看不出勇敢。

生活中有时会遇到意想不到的困难和危险，对于勇敢的人来说，他们把它当作是人生的一种考验，想方设法去克服和战胜；而对于那些懦弱和胆怯的人来说，他们却感到是一种无法抗衡的威胁，总想企求别人的帮助来走出困境。其实，这种想法是不对的，也是不切实际的，唯一的办法只能靠自己。

面对艰险，当你畏缩了，你就是胆小鬼；当你挑战它，你就是个勇敢者。这就是怯者懦而勇者强。

有勇无谋不宜担任决策层的一把手，但可作为实施某项工作的领头人。

重压之下，必有反抗。

胆大是勇敢的显现，胆小是懦夫的表现。

敢和领导较真的人，除具有一定胆量外，更重要的是理由充分。

说白了，敢说敢讲就是毫无顾忌地坦露自己的内心感受。

真正的勇者是不会被挫折击倒的。

胆大无谋者，事败。

谁敢挑战自己的极限，又不为夺冠而伤害身体，谁就是真正的智者和勇者。

犯了错误以后，不在于你怎么后悔，而在于有无勇气去改。

有话想说且又不敢面对领导说，即使领导作出的意见有错误，但也不敢当面反驳，甚至跟着应声附和。这种人，与其说胆小，倒不如说失掉原则、存有私心。

光线越强，影子越黑；勇气越足，困难越小。

敢干而失败总比坐而待毙好。

心 灵

衣服的污渍能洗掉，心灵的污点难清除。

拿了人家不该拿的东西而感到羞悔，说明你的行为在心灵深处已受到了自责。

人有好心灵，为人做事最光明。

跟心灵不洁的人在一起，长了就会受污染。

就心与脸比，修心比修容更要紧。

心灵洁净，不患心病。

善待生灵，同样彰显人性。

读一本好书，能使人的心灵得一次净化。

人有美的心灵，就有善的行为；行为不善，心灵不美。

美从心灵深处走来。心灵无美，一切不美。

宁静的心灵是智慧的珍宝，是超然的境界。

如果没有无私的、自我牺牲的母爱的浇灌，那么，孩子的心灵将是一片荒芜。

人要有精神寄托。所谓寄托，说白了就是找到了慰藉心灵的一种信仰或某种事物。

心灵美丑决定待人接物好坏。

心灵美不美，看其行为就知道。

知羞耻、明荣辱，才是一个堂堂正正、心灵圣洁的人。

一个人如果心里老是想着别人的不是，那么，心灵受伤最深的不是别人而是自己。

人的心灵是无形的，但其指令下的行为是有形的，且能看出美丑。

人美不在容貌，而在于心灵。

心灵，只可意会，不可触摸，但从人的行为表现上看，则能判定其美与不美。

衡量一个人的行为准则是心灵和品德。

带领人奔走光明正道的是慈善的心灵。

违心，软弱的表现、真实的背叛。

心灵洁白，做事坦荡。

心灵受伤比身体受伤更痛。

心灵受不得污染。一经受污，一生难洗。

虚荣是虚妄的荣耀，是心灵空虚的掩饰，是无聊、骗人的东西。虚荣不除，不仅扭曲人格、背离真实，而且毁人名誉、断人前程。

能让别人在心里占有位置的人，说明其行为和心灵早已打动了别人。

在物欲横流的社会里，没有无忧的人生，但有澄亮的心灵。

谦　虚

　　谦虚，既彰显一个人的修养之高，又能使他人觉得自身存在的重要。

　　别忘了，强手遇强手，风格放前头。

　　记住：向人请教益自己。

　　谦能久存骄自消，成就虽大人不傲。

　　别认为自己聪明，有些事你根本不懂，人还是谦虚点好。

　　人有愧意，才有愧疚。

　　真实的谦虚是一种美德，反之就是虚伪和欺骗。

　　谦恭使人生敬。

　　才高人谦虚，无知才骄傲。

　　人不可自作聪明，总以为自己比别人多一点智慧。要知道，自以为是的人永远都会伤害别人的自尊心。因此，人还是谦虚一点好，切忌强势和目中无人。只有这样，你才能赢得他人的好感和尊重。

　　自傲者受损，自谦者受益。

　　成名不傲慢，谦虚更进步。

　　别说自己的本事超过了别人，而超过自己本事的人还多的是。

　　真实的谦虚让人敬佩，虚假的谦虚让人厌烦。

　　向人家讨经验，要用谦虚的态度才行。

　　有功不自傲，贵在人自谦。

　　不张扬自己的辉煌历史，大多为谦虚者所具有。

谦虚应从内心出发，不然就是做假象。

荣誉多多，不炫耀是谦虚的。

自豪不自满，自信不自大。

人经常反省，只有益处，没有坏处。

一个人能常常想到"不如"，说明还能进步。

夸自己伟大并非伟大，讲自己渺小也不一定渺小，正确的做法是：有啥说啥，既不扩大，也不缩小。

不炫耀自己才是谦虚的自我。

头脑不发热，忘乎所以就不来，否则正相反。

对求职者来说，职场面试不能太强势，如果表现气势压人，那么，用人单位往往就会把你拒之门外、不敢用你。

虔诚的态度，不克制自己很难做到。

别忘了，成事多由谦促成，败事多由傲滋生。

当一个人在发表个人意见时，如果能用谦虚、商讨的口吻说出来，那么，不仅容易被对方接受，而且能避免相互间的矛盾和冲突。

当自己有点小小成绩的时候，请不要把它当回事。因为，你看重的仅仅是自己的那点小玩意，可是在别人眼里，或许值金，或许什么都不值。所以，我们越是希望别人眼里的自己如何了不起，其实最终让你看到的却是一种失望和渺小。

骄 傲

傲气毁自己，谦和受人敬。

有的人就是这样，自己高傲觉不着，反讥别人太骄傲。

人不可自负，自负是谦虚的大敌。

老看人家不如你，实际自己不咋的。

有些事，当别人觉得难做的时候，你不妨自告奋勇露一手，以显示自己的能力，但绝不能自傲。

傲有资本倒可不究，无功自傲让人耻笑。

浅薄的人骄傲，无知的人自大。

盲目乐观注定失败，因循守旧没有出路。

凡孤傲无知、不可一世之人，接触他的人最少、落挨骂的时候最多。

虚伪的谦虚就是骄傲的翻版。

有点成绩，没必要在众人面前炫耀。

给自己叫好的人，助威者只有一个，那就自己。

谁满足已取得的成绩，谁的进取心就减退。

实际上，自负就是一种自傲，也是自高自大的另一种说法。

一个有才华的人，过分外露自己的才能，最容易招致别人的嫉妒，对自己的事业成功只会有阻力，不会有帮助。

别以为犯点错误就自暴自弃，别以为有点成绩就自骄自傲。

本事不大好炫耀，无能之辈好逞能。

自满在成功的字典里没有记载。

学不知足而进步，人不谦虚而骄狂。

受人夸奖越多，越要谨防骄傲。

其实，眼高手低的人如同"郎中"一样，只会抓药，不会

看病。

说话、做事不遮掩，为人坦荡不傲慢。

炫耀是骄傲的别名。

一个人最大的过错就是不知道自己的过错，一个人的致命缺点就是好张扬而不知谦虚。

人要逞强把分寸，过分逞强即为傲。

骄傲足以能把一个人的前进脚步卡住。

人在谦虚中进步，在骄傲中倒退。

人在骄傲时不能自己，一旦吃亏后就愧疚难当。

大凡自命不凡的人都比较狂傲，狂傲的人没有一个能称心如意的，其结果最惨的仍旧是自己。

好出风头、好想巧的人，人们总是用鄙弃的眼光看待他。

学海无涯，自满实属过海停舟、满目苍茫。

"有点名气就傲气"，谁走不出这个怪圈，谁的名声就将随风扫地、一落千丈。

傲人好自负，自负好毁己。

任何人都不要把自己最闪光的一点成绩当作炫耀的资本，要戒骄戒躁、继续努力、再创辉煌。

不自量的人，总觉自己了不起，可在他人眼里你却什么都不是。

凡妄言轻人、不务实际的人，纵有一身本领，也很难成就大业。

愚者傲狂，智者谦逊。

人不迎时别沮丧，迎时也别太猖狂。

学问大了易骄傲，智慧高了人谦虚。

尊　严

宁愿自己苦，不求别人怜。

自卑无能更可悲。

有时，别人的话不宜重复或联想太多。否则，就会伤人自尊、影响感情。

尊严自己为，并非别人给。

耻而不知耻的人最可耻。

宁让钱财受损失，不让尊严受侮辱。

人活着就要有骨气。活着就得挺直腰杆、不卑不亢，不辱人格、不损尊严。

人无所耻，耻于将尊严丢尽。

一个人如果厚颜无耻、破罐子破摔，那么，这个人就丢尽了人格和尊严。

宁愿掉脑袋，也不失尊严。

人失骨气，必失尊严。

谁不珍惜自己，谁就不爱一切。

见人害羞是内心自卑的一种外在反映。

谁损害国家尊严，谁将受到严惩。

自尊、自重、自爱、自强，任何时候都不能忘掉。否则，就失去了尊严和人格。

尊严没有了，人就无耻了。

"尊严"与"面子"不同：尊严彰显刚骨之气，而面子纯属虚荣所致，二者有本质区别，不能混同。

贫不失尊严，方显有骨气。

人自重，不失之尊严。不论在什么情况下，都要维护自己的形象和名声，从微小事做起、从微小事严起，时时刻刻检点自己，绝不做与自己身份不相符合的事情。如能如此，人才佩服你，你才有尊严。

受尽羞辱还向人家乞求，这种人最让人看不起。

没有比嬉皮笑脸更让人厌恶的了。

尊严，在为人处事中彰显。

在某种场合下，人要面子，但不能死要面子。

人不知耻，就没尊严。

奉　承

好拍马的就想骑马，爱奉迎的就想得逞。

小心，奉承的背后是封杀。

听惯奉承话的人，难听刺耳的话。

喜听好话的人要当心：是人家真心实意夸你好，还是人家有意给你"戴高帽"。

常有人恭维你，你对你的上司也少不了奉承。

凡巴结人的笑，都是一种假笑。撩开面纱，便露真实面目。

凡从人嘴里讲些你爱听的话、手里总备些你想要的东西，那么你就要警觉了。不然，你就会被"糖衣裹着的炮弹"击倒。

对人从不说"不"字的人，尤要动脑子、多提防，以免受骗上当被其坑。

奉承是杀人不见血的一把利刀。

警惕：掺有毒药的赞美最害人。

宁要严厉的批评，不要甜蜜的奉承。

奉承最入耳，但它最伤人。

知心的人无需奉承，奉承的人必不知心。

当心：小人嘴上抹蜜，吐出的净是毒汁。

毒蛇嘴里喷不出"琼浆"。

你可知道，奉承是依附"虚荣"才通行。没有了虚荣，奉承的出路也就被堵死。

别忘了，不图点什么不是奉承者的本意。

学会恭敬但不要奉承、学会欣赏但不要谄媚，这不能不说是一个绝好的处人之招。

阿谀奉承为小人所为、君子不为。

对心怀鬼胎、嘴上漂亮的人，要防。

官大有人偎，而小人往往比君子偎得更紧。

投人喜好易得回报，但拍马逢迎要不得。

嫉　妒

嫉妒难容他人之能。

嫉妒如瘟疫，不防受毒害。

蚂蜂蜇人可躲开，小人使奸难提防。

过分妒嫉人变毒。

其实，你嫉妒别人，既得不到好处，又对自己不利，何必做这种损人害己之事！

成天算计他人的人，其结果反被他人算。

记住：排斥他人者，终究被他人排斥。

心思花在工作上，少点心眼算计人。

陷害别人是走向罪恶的开始。

能被嫉妒的人多是熟悉的人，互不认识的人难生嫉妒心。

最卑劣的手段是暗地伤人。

人家成名应高兴，心生嫉妒为哪般？

实际上，嫉妒就是一种心理失衡。一个人强于另一个人，这个人心里就不是滋味，这种"滋味"一旦积聚，就会产生嫉妒心理。

嫉妒是人的一种扭曲心理，既伤害别人，又折磨自己。

别忘了，做人要低调，锋芒太露遭人嫉。

不怕小人耍奸，就怕恶人暗算。

嫉妒的本能就是陷害。

凡忘恩负义的人，大都嫉妒他人。

狗嘴里吐不出象牙，嫉妒人绝不安好心。

有些事，自己干不来、别人干了又说嫌，这种人实属心态不正。

攀比易生嫉妒心。

嫉妒如毒蛇，出舌就伤人。

表面很听话，背后毒刀下，这样的人最可怕。

为 官 篇

官 德

官无德殃民，人无德作恶。

勿以有权就专断，勿以无权不作为。

别忘了，清醒用权权为民，犯浑用权权害己。

德是官之魂，能为官之本。

当官不霸气，官去有人偎。

以"德"立官，用"心"为民。

官位可易人，官德不能移。

官升自得意、落权变冷脸，这种人绝不会用好手中权力。

官不立德，既祸百姓又坏事业。

廉公养德，为官清正。

用权淋漓尽致为私利，工作欺下瞒上会忽悠，这样的官老百姓最恨。

官好必先人好。人要做不好，别想做好官。

靠能力为官不够，少了"德"

字怎了得?!

官大再砺济世志，权重不移公仆心。

治国先治官。官不治者，国之患。

当权不自得，落权人淡定。

为官者要自觉把官位看轻一点、把名利看淡一点，这既是一种超脱，也是一种境界。

把官看成"官"，为官难为民。

人事变动乃正常现象，"官"换了、事还在。作为新任领导者来说，就应该去理前任留下的"旧账"，绝不能以任何借口推脱前任承诺的事。事实上，善理前任的"旧账"，不仅是新任领导者的责任，而且也能反映出一个继任者的大局意识、工作能力、人品官德和精神境界。

掌权也要如履薄冰，慎重用权。

对傲视掌权的人来说，官本身并没有什么了不起，而主要是自己认为自己了不起。

对有的人来说，官不大、僚不小，惹恼百姓长不了。

对为官者来说，面对得失，一定要保持淡然处之的心态才行。要知道得多少、失几何，得失观在一定程度上既关乎人的内心信仰，又彰显人的道德良知，不可小视。

别忘了，德是为官之魂。德在哪里？不在光环闪耀的锦旗、奖杯上，不在对上对下的夸夸其谈中，不在华而不实的口号里，而在百姓口碑里、民间闲聊中。

记住：才由德支撑，德是才之帅。

为官之德在于为民，官不为民何来有德?!

视权如命、不可一世的人，绝不会把比他地位低的人放在眼里，就别说黎民百姓了。

岂不知，为官者的道德高度，往往影响着社会的道德高度和社

会的精神状态，甚至在某种程度上关乎着国家的兴衰和存亡。因此，抓好为官者的道德建设势在必行，丝毫不得轻视和松懈。

对为官者来说，为政有功德、立身有政德，方能赢得百姓的好口碑。

立身不忘做人之本、为政不移公仆之心、用权不谋一己之利，乃为官者永记。

立官德，才能当好官。

正 气

有些事，既不能低估邪势的淫威，更不能不见正义的力量。

打黑除恶扬士气，除暴安良得民心。

养德扬善，国之兴、民之幸。

宁低头于真理，不趋附于谬误。

养浩然正气，做傲骨之人。

风格要讲，原则不让，祛邪扶正，公心为上。

踏平世间不平路，甘为百姓把命请。

法在心而不行邪恶。

人格的可贵之处就在于，不为强权、富贵而折腰。

自身不正人不服，一身正气人敬畏。

驭下己要严，身正腰杆硬。

低头不弯腰，认输不服输。

雪压青松腰不弯，人遇强势不低头。

宁可筋骨断，不可背信义。

天在头上，地在脚下；顶天

立地，腰不弯下。

正义无敌，廉洁有威。

宁愿向强者认输，不愿向强权低头。

不因穷丧志，不为富失节。

人生最可悲的不是生与死的诀别，而是面对弱者受害时却怯而逃避、视而不见。

不论什么时候，正能量释放越多，社会进步就越快。

人有顾忌难敢言。

从某种意义上说，没有公开，就没有正义。

见义勇为，不义难为。

邪恶止于正义，正义使邪恶丧胆。

当政者坚持"以人为本"是对的，但绝不能拿权力为不符合原则的人"开绿灯"、"送人情"。如果是这样的话，那么，原则到底谁坚持？

软弱的一个明显特征是，想说而又不敢说。

明知上级做得不对，甚至违法，不敢直言、任其发展，实乃社会一大悲哀。

有的人，看似眼睛睁得很大，但就是看不清是非曲直和邪恶。

蒙羞不知羞，气节全丢尽。

为大义，宁可舍弃生命不可苟且偷生。

天塌敢顶住，地陷能拎起。

公　正

公正无私人坦荡，为人正直　不偏斜。

力行手中权，先要立身正。

公与廉是为官者的必具品质。

慧眼识良才，公心举贤士。

当官也要资格证：勤政、廉洁和公正。

评委的心是公正的，打出的分才是不偏的。

人人都有私心，但在公众利益面前，必须抛弃私心。

评价一个人的工作好与差，既要看功劳，又要看苦劳，功劳、苦劳同样重要。走偏哪一点，都不能正确对待一个人的历史和全部工作。

公正而不偏颇、平等而不倾斜，这是为官者尤要坚守的一条原则。

不平止于公平，公平是不平的克星。

公正执法不私法，掌握法权不偏袒。

用公正的态度对他人，用客观的评析对自己。

与其责骂分配不公，不如创造条件缩小差别。

一个法官能否公正，良心是最好的裁判。

与其愤不平，不如去抗争。

对为官者来说，挡不住枕边风，是公正用权的一大祸患。

为人心不偏，处事主公道。

公正记心里，为人处事不偏倚。

出以公心，才能赢得民心。

唯公正之人，才能妥处不公之事。

为官者记住，用权只有在法律规定范围内进行，才能保证其公正而有权威。

凡事晒阳光，猫腻无处藏。

勤 政

勤政不私己，百姓拥戴你。

为民办事，苦也心甜。

人勤事业兴，人懒事业废。

好事快办，人喜；喜事慢办，人烦。

事贵践行不尚谈。

能多一分心力忙于百姓的事，就少一分心思忙于自己不该忙的事。

对履新者来说，实干得民心，魄力开局面。

唯有认真和执着，才能把该做的事情做更好。

你希望明天更好，就必须把今天的事做好。

在处理重大问题上，当领导的不可优柔寡断。要知道，当断不断，必有后患；当断不断，反受其乱；当断不断，终身遗憾。这样的教训太多了，千万不能视而不见。

对为官者来说，无论干什么事情都要实打实。虚情假意、漂浮作秀，老百姓不会认可你；真心实意、脚踏实地，老百姓才会拥戴你。

要知道，做大事的人总能把握住失败后的痛苦与失意，并能正确对待成功背后可能隐藏的危机。这就是成大事者所具有的胸襟和心态。

吃得起苦、受得起气，只要群众说你好，你就做得值。

凡事能多一份准备，就多一份从容和胜算。

对为官者来说，群众心里有

杆秤，你所做的每件事，就是秤杆上的一颗颗准星。

凡事不抓不动，一抓就灵。

抛弃烦恼、摒弃杂念，全身心地为百姓做好该做的事。

对为官者来说，替百姓着想、为百姓办事，这是应当的，也是必须的。所办之事好与不好，也只能以群众满意与否为评判标准。

少说多做，不说也做。

一个人只要能全身心地投入到自己的工作中去，即使能力低一点，也照样能取得不错的成绩。

当官不理事，干事不负责，十足的官混混。

别忘了，小事不可小视，小事往往可以酿成大问题。

当官的，尤其是当大官的切

不要事无巨细、凡事必问，重要的是在于能给下属指出做好工作的方式、方法。

作为决策者，为群众办实事、好事，需要尊重群众意愿，不搞劳民伤财、不切实际的形象工程，否则群众就会有意见，甚至公开站出来和你理论。

事实上，评价一级政府的能力大小，尺子只有一把：就是老百姓的生活是否切实改善，群众的精神面貌是否得到改观。

别忘了，群众的思想导向和利益诉求，是我们做好群众工作的前提和基础，也是我们开展服务工作的依据和方向。

为政亲民就要多做促进社会和谐的事，不做让群众反感的事。

把官位看作是为民办事的岗位，老百姓在他心里肯定占有重要位置。

爱　民

为官爱民，不仅要在感情上贴近，更重要的是要在点滴小事上见诸行动。

心中有百姓，才能服务百姓。只有让老百姓舒服、得实惠，当官的服务才算真的到了家。

与其为民挂在嘴，不如替民干点事。

能让百姓高兴，心就贴近了百姓。

"高姿态、别计较、带个头"，这是某些为官者做人思想工作的惯用方法，这种方法如果用在维护大多数人的公共利益上是应该的。但恰恰相反，有的人却把这种方法用在了损害老百姓的私权利益上，并要求某些人先带头做出牺牲。这种"高调"式的、被迫让人接受的强势做法，实属背离了掌权"为谁"的问题。

对领导者来说，没有一种根基比扎根于人民更坚实，没有一种力量比从群众中汲取更强大，没有一种执政资源比赢得民心更珍贵。

不打官腔、不说大话，满腔热情对百姓。

不论官大官小，为民谋利就好。

凡是老百姓能吃的饭，我都能吃；凡是老百姓能做的事，我都能做。因为，我不愿意特殊于老百姓。

爱民不分官大小，位卑岂能是借口！

民生问题，小视不得。它是一个关乎国家社稷危亡的根本性问题，来不得半点松懈和马虎。

为百姓着想，让他们一时一

事满意并不难，难的是让他们事事满意、长期满意。

讲话的深度在于博识，为民的态度在于诚恳。

就为民办事来说，劳己筋骨无怨悔，乐为百姓解忧愁。

好官爱百姓，百姓爱好官。

没有不好面对的群众，只有我们没有把工作做到位，要么理亏，要么说服不了群众。

不为民者别为官，为官就要谋民利。

利民者而为，损民者而弃。

视民如父母，为民办事才尽心。

对为官者来说，问计于民只有沉下身子、融入百姓、虚心求问，方可获得。

不扶官梯向上爬，只管为民谋福祉。

要知道，民心如镜，不蒙纤尘。为官者是否为百姓服务，老百姓最有发言权。

关心百姓别挂在嘴上而忽略了行动。

只有想群众所想，才能急群众所急。

对下基层的人来说，身入，更要心入。

强按牛头不喝水，违人意愿激民愤。

对为官者来说，把百姓当朋友，百姓才会把你当知音。

一个为官者如果心里只装着一己之利、只关心个人荣辱，那么，他的眼光一定是向上的而不是向下的，作风一定是虚骄的而不是踏实的，心境一定是患得患失的而不是宠辱不惊的，而这种人当官的根本目的就是，为自己而不是为百姓。

为官者只有把百姓放在心中最高位置，才能真为他们说话、

137

真替他们办事，真心实意地帮助他们解决实际问题。

走进百姓心中，才能了解百姓苦衷。

对密切干群关系来说，放下架子，才能拉近距离；扑下身子，才能打成一片。

能说百姓想说的话，能办百姓想办的事，这人才是百姓想要的官。

一个为官者只有真正重视民意、体察民意、敬畏民意，真心实意为民办实事，其政绩才凸显、位子才牢固，你才能受到百姓的欢迎和拥护。

为官者一定要记住，百姓的利益是最高利益。我们所做的一切，都是为了让老百姓过上好日子。

当官不像"官"才能近百姓。

记住：为官者只有常下基层转转看看，常和群众聊聊谈谈，串百家门、吃百家饭、结百家亲，

才能加深群众感情，群众才会把你当成亲人和朋友。

对为官者来说，一个人如果没有良好的政德作保障，即使本事再大，也难以做到以人为本，替百姓说话、为百姓办事，甚至本事越大，对老百姓造成的危害就越大。

百姓的认可，就是我的满足。

有些事，不是群众不讲理，而是你讲不出理。

为官者要厘清：干部是人民的干部，服务对象是老百姓；不服务于老百姓的干部，就不是人民的干部。

百姓赏官做好官，愧对百姓"待"不长。

人的情绪往往从脸上显露，看脸色就能辨出事情的好坏。干部是为百姓服务的，百姓的脸色就是"晴雨表"，喜怒哀乐都在上面写着。考量一个干部服务百姓工作是否到位，别的不瞧，只要看一下老百姓的脸色就知道。

如果你心里还装着老百姓，那么，你就不会做出对不起他们的事来。

对为官者来说，只有修政德，才能真为民。

用 人

识人、知人，方可任人。

察人不准误事业，失察就要追责任。

在选人用人问题上，只要一个人道德纯洁、务实肯干，即使其他方面有点欠缺，并无大碍。

有权偎你、无权远你，甚至知恩不知报、翻脸不认人，这样的人既不可信，更不可用。

在用人上，取其长、避其短，当用之人别错过。

职场上，让选人者最感头痛的是：两个竞选者旗鼓相当，淘汰谁都感到婉惜。但竞争就是无情，二人必去其一。在这种情况下，只有忍痛割爱，别无他法。

识准一个人不易，用好一批人更难。

德高而才稍低者，可用；才高而德差者，禁用。

貌美未必心美，知人未必知心，察人尤须慎重与细究。

考察判断一个人不能光看他平时外露的一面，更重要的是看他背后隐藏并不易被人发现的东西。只有全方位、立体式、多层面地进行慎查、细究，去伪存真、由表及里，透过现象看本质，才能真正识准、用好一个人。

十步之内必有芳草，选人用人不可求远舍近。

埋没人才，实际上就是破坏事业。

记住：最让人可惜的是埋没人才，最让人可恨的是重用蠢才。

制定一个有利于人才脱颖而出的机制，要比选拔一两个人才更重要、更急需。

才华出众者而被闲置或遗忘，既是事业上的一大损失，更是用人上的一大悲哀。

选贤聚才会善用，是事业兴旺发达的根本保证。

"能者上，庸者下"，把庸官从岗位上拿下来，既需要一种勇气，也彰显一种正气，更是用人单位和领导的一个重要职责。

让干得好、有能力的人胜出，防止"会考"不"会干"的人占先，这是当下考察、选用干部尤要注意把握的问题。

现实中，管人的部门如能做到，有能则举之，无能则下之，不让老实人吃亏，不让投机钻营者得利，那么，有能之人就会脱颖而出。

事实上，看清人、认准人，才能选好人、用好人。

善用人者得天下，错用人者失国家。

治国兴邦，人才第一。

瞌睡来了不由人，管人难管人的心。

知人不易，察人也难。

无事生非惹事端，用人应防这种人。

处久才知人好坏。

察人心地，莫观其表。

用准一个人，能顶一批人。

善用有发展潜力的"失败者"，也是一种勇气和眼光。

其实，用人就像在乱石堆中觅玉，唯有独具慧眼，才能发现价值连城的美玉。

有才不用也无用。

没有德，再大的本事不可用。

人才以"用"为本，错过了就是损失。

考察一个人有无责任心，看他平时做事的态度就够了。

了解一个人不仅要了解他做过什么，更重要的是要了解他现在还想做什么。

勿容置疑，事在人为，起决定作用的是人的素质。

当然，第一印象很重要，但绝不能以此作为判定人好坏的标准。

善于运用赏识，也是选人用人的一种方法。它既是发现人才的途径，又是激励人才成长的手段；不仅包含着丰富的领导艺术，而且能反映出一个领导者察人用人的眼光和水平。

唯有把握人的内在本质，还原其本来面目，才能真正看清、认准一个人。

看待一个刑满释放者，不能忽视他的过去，但更要看他回归社会的现实表现。

将帅不融洽，班子就散架。作为主管用人部门来说，应当注意这种情况，并及时采取措施，予以调整。否则，就会影响工作、贻误事业。

用人之长，就要容人之长；不能容人之长，就难用人之长。

公者，任仁不任己；私者，任己不任仁。

威　信

真正有威信的人，大都是能拢住人心的人。

佩服，无外乎两条：一是自己不如人家，二是被人家的精神

所打动。

谁能征服你的心，说明谁对你有很强的吸引力。

说到底，魄力就是能力和气势的结合体。

对为官者来说，威信是靠自己干出来的，而不是靠别人吹出来的、捧出来的。

当人夸你不错的时候，说明你为人处事在他们心目中留有好的印象。

得民心者，得威信。

人在台上不要太盛。如果你强势压人，那么总有一天被压者就会把你打趴。

谁善于表达群众的心里话，谁在群众那里就有威信。

为官者嘴不能馋、身不能懒、手不能伸，老百姓对你才敬佩和拥护。

人不能太霸气，霸气多了人

偎少，尤其是为官者应当注意。

对为官者来说，架子大，惹人骂；官没架，传佳话，

对当领导的来说，威严与随和很重要，缺一不可。光威严不随和，群众远你；光随和不威严，说话不力。因此，当领导应当威严与随和并举。

做官的特别是做高官的，要自觉放下"架子"与他人平等对话与交流，在尊重中赢得心甘情愿的追随者，借助他人的尊重来提升自己的权威。

谁为百姓想，谁就在百姓中说话硬朗。

谁想有威信，谁就要拥有一颗包容之心；谁想受别人尊敬，谁就要从热情对待身边的每个人做起。

当百姓叫好的官，不当百姓骂娘的官。不管职位多高、权力多大，只要把自己当成百姓中的一员，并设身处地为百姓着想，这样的官最令人佩服和尊敬。

当了官就摆架子、打官腔，群众不理你：有话不给你讲，有意见不向你反映，时间一长，你和群众的关系就会越来越远，你就会变成孤家寡人，最终不得不落个被群众赶下台的下场。

"希望而来、满意而归"，实为检验领导干部解决群众反映问题结果的一把尺子。

从某种意义上说，人的形象也是一种心态的显现，更是鼓舞他人的一种力量。

如果把领导形象比作是冲洗照片的话，那么，群众的心就是其底片。领导干部的形象好坏，群众心里早有显现。

其实，形象并非事物本身，而是人们对事物进行外在的和内在的综合感知、体验确认形成的整体印迹。

谁能扎根于群众心里，谁就有威信、谁的形象就高大。

为官者只有靠自己的人格魅力和脚踏实地的实干精神，才能赢得老百姓的信任、支持和拥护。

放不下架子的人，大都是虚荣心作怪而造成，同时也是失去群众威信的一个重要原因。

谁说话、做事能感动别人，谁就能受到别人的敬重和佩服。

清 廉

廉政先廉心，心廉手不伸。

勤政人实在，廉政得人心。

只有真正的廉官，才能不为私已而动心，才能始终保持一个

人的清静、淡泊和平和。

廉则名扬远播，贪则葬于深渊。

粗茶淡饭吃得香，外财不贪

睡得安。

先人后己利为民谋，清正廉明公心为上。

洁身自好，立身不倒。

贪蚀人志。

悔之当初，不如慎之当初。慎初是一种自觉、一种境界。

少一分私心，就多一分公心。

贪官落骂名，清官千古颂。

为官洁身净，不廉毁名声。

清官人称道，贪官众人诛。

为政廉与不廉，直接关系人心向背，并决定执政地位稳与不稳。

利，不私于己；法，不让于情。

风清人气顺，腐风愤不平。

清白则心坦。

人活戒贪欲，死后留清白。

清廉者虽生活俭朴，但精神富有。

轻看钱财，重看事业；淡泊名利，清廉为官。

不图私己，不务虚名。

谁能不为私心所扰、不为名利所累、不为物欲所惑，谁就是一个高尚之人。

清廉不是宝，但比宝更贵。

民以廉看官，官以民为靠。

不为财累、不为利牵，心地无私天地宽。

廉洁与官位相比，前者为重、后者为轻。

做人不忘立身之本，为官不谋一己私利，做人就做正道人、做官就做清白官。

身正则影直，上清则下廉。

居高能自醒，为官不昏庸。

为官为公，廉洁从政。

明如阳光，洁如白玉。

心灵之镜常拂拭才能更亮，精神头脑勤充实才会健康。

洁身自好人自静，身上有毛洗不清。

心中无欲手不贪，留得清白在人间。

物洁蝇不沾，廉洁人尊敬。

莲花出污泥一身洁净，为官不私己两袖清风。

在任何时候、任何情况下，为官者都要受得住寂寞、经得住诱惑、管得住自己。

贪念少一分，廉心长一寸。

公心重而私心轻、多奉献而少索取，这样的人最令人敬佩。

墨染白纸挥不去，官玷清白毁一生。

过好廉关再当官，不当贪官当清官。

慎权无后患，祸从贪小起。

节　欲

欲望需节制，任其放纵，就会自陷深渊。

岂不知，人有所欲才能露弱点。

人要有希望，但不要奢望。

心中无"贪"手不伸，做人就做清白人。

贪欲盛而必被囚。

情欲不除，毁名伤身。

不经干净的手获得的东西肮脏。

贪酒能戒，贪财难止。

心无贪念，为官清廉。

殊不知，物欲不止就会滑向深渊。

贪多嚼不烂，有钱还想贪，这种人绝没好结局。

廉生威、贪生悲，太贪必然灭自身。

心安是福，贪心是害。

事实上，人人都有欲望，都想过得更富有、更幸福，这是人之常情。但是，如果把这种欲望变成不正当的欲求、变成无止境的贪婪，那么，你就会成为欲望的奴隶、狱中的囚徒、人民的罪人。

为官者一定要经得住诱惑，尤其要把住"第一次"。首次的动心就会带来下次的贪心。如此下去，就会越贪越渴、口胃越来越大，最终陷入不能自拔，走上不归路。

贪念不除，狱门迟早为你打开。

人的欲望有两种：物质的和精神的。谁能平衡好这两种欲望，谁就是真正的聪明人。

多欲者则贪，寡欲者则廉。

对领导干部来说，搞一次特殊就失掉一份威信，破一次规矩就留下一个污点，谋一次私利就失去一片民心。因此，要时刻认清自己的身份，检点自己的言行，珍惜自己的名誉，以免因小失大、后悔莫及。

人受私欲支配，别想为政清廉。

不为名利而惑才是智者。

少欲则快乐，多欲则痛苦。

内心洁净私欲少，贪欲不足心黑掉。

手沾油，油腻；人贪心，心黑。

别忘了，极度贪欲灭自身。

高境界的人是不偏袒个人私利的。

有欲望人之本性，能节制算人聪明。

不图私利，人要远谋。

每个人或多或少都有私欲，但私欲不可过度膨胀。否则，就会掉进深渊、葬身其中。

欲望是人追求向上的动力，也是拉人走向地狱的恶魔。

拒 贪

凡对权力过于看重的人，大都是贪得无厌之人。

"打防结合"是反腐败的重要手段，但防比打更重要。因为，防能大大降低反腐成本，减少犯罪，有利社会稳定与发展。

当你想贪而正准备动手时，如果此时心里有一种犯罪的念头冒出，那么，你的贪手就会立马打住。

私心越重，公心越轻。

权能获取很多，也能送命于权。

治国先治官，治官要治贪。贪不除，民不安、国不兴。

反腐，更要防腐。

灵魂用钱买不到，但能被钱腐蚀掉。

要想人前清廉，就得人后不贪。

手中有权多掂量，用错地方自遭殃。

有的人就是这样：很少想自己已有的，总想自己没有的，整天挖空心思、不择手段地去捞那些不该得到的东西，结果铸成大错进了监狱，后悔莫及。

大贪源于小贪，小贪不止，必降大祸。

有些事，虽你经手但没猫腻，群众就会支持你。

贪欲像沼泽，越贪，陷得越深。

好官不利己，贪官蛇吞象。

清官为民谋利，贪官利为己谋。

岂不知，腐败往往是由主观和客观两道防线双双失控所致，没有个人的自律、没有对权力的有效监督，人不腐败就不可能，也难避免。

人生在世，功名利禄只是身外之物，只要我们努力前行，并真实地面对自己所拥有的一切，你就会发现能满足人的可以很多，也可以很少，并非完全都拥有就好。因此，不必为了贪图权势而争名夺利，自酿苦果、抱恨终生。

贪婪能使人忘掉一切，甚至是自己的人格或生命。

对贪官来讲，一旦他知道权力不可能再掌握下去，那么，他的贪欲就不可能不急速膨胀。

别以官小而失管，小官照样成大贪。

其实，名利本身并无善恶之分，关键在于追求、拥有名利的人。

贪欲生邪心。

贪毁家、殃民，清廉为官传美名。

警惕：诱惑对人引力大，不拒诱惑被打趴。

对贪者来说，平时不严于律己、洁身自好，即使今天坐拥豪车别墅，也难保哪天不落入"以天为盖、以地为庐、以鼠为伴"

的悲凉境地。真到那时，你再后悔又有何用！

贪难收手。

在色权交易上，别图一时欢，换来牢坐穿。

在物欲横流的环境下，一个人如果没有众醉独醒的觉悟和境界，那么，也就很难抵挡来自各方面的侵蚀和诱惑。

警惕：权力是最好的腐蚀剂，千万不能上当。

对官场交往来说，变味的"压岁钱"也是一种贪腐。

凡醉心于功利者，必将毁于自身。

当你把贪手伸出来的时候，是否想到了今后的退路。

一个为官者只要不拿身外的财物和不清不白的钱，任何钱物的诱惑，对自己来说统统等于零。

钱财不贪心无私，美女不沾真君子。

对手里掌点权力的人来说，当别人需要通过你办事的时候，切不要有意无意提到自己缺什么或喜欢什么，不然就会给对方造成误导、使对方向你投其所好，把本来正常该办的事情变得就不正常了。

贪婪能使人忘掉一切，甚至失去人格，做出不该做出的丑恶事来。

贪婪是胆大妄为的结果。

当心要防这样的贪官：乍看平时很"节俭"，扮作假象迷人眼。

去掉奢侈，便没贪罪。

劝君莫贪财，贪财上刑难自由。

人有"贪念"，就有"贪手"，贪手跟着贪念走。

贪生祸水，戒欲人安。

"伸手"有畏惧，"贪手"自　　会收。

律　法

学法知法度，守法做好人。

法律靠严守，道德靠自觉。

为恶难逃"法"眼，终生不做坏事。

守法纪、远邪恶，干正当之事，做规矩之人。

法律面前官民平等，同罪同刑绝没有轻重之分。

以身试法，换回的就是身不自由。

遵纪守法既是公民的责任，也是维护社会安定和谐的需要。

懂法理者，行天下。

法悬头顶，不敢乱为；有法则治，无法不安。

法规再好，不落实无效。

谁干坏事，谁就难逃法网。

学法知法、知法守法，不学法者易违法。

谁敢与法挑战，谁的头将被法打烂。

为正义亮剑，让邪恶丧胆。

强权践法法不容，法剑高悬惩强权。

法律不可践踏，守法还要护法。

执法不守法，应罪加一等。

法官是执行法律的主体，主体不作为，有法也白搭。

法律是保护公平正义的护

身符。

民主即由公众作主，并使每个人都能成为自己的主宰。

自由也要在"圈子"之内，这个"圈子"就是法律。

法律之外没自由。

语言受思想支配，行为受法律约束。

能不做法律禁止的事，那你就是守法的。

对公民特别是为官者来说，守法不仅是一种义务，也是一种考验；不仅是一种自律，也是一种"自卫"。

为自己的行为负责，才能恪守法规。

法律与秩序是获取自由的前提，是社会和谐稳定、人民幸福安康的保证。

其实，法律是公正的，谁有理，它就偏向谁一方。

事实上，制度设计再好，如果不能落实到行动中去，那么，其作用就等于零。

要知道，法不严不为治，柔性执法就是纵容犯罪。

自由意味着责任，放任绝不是自由。

必要的清规戒律不能丢，少了规矩乱了套。

法不可轻，违法就要付出惨重代价。轻了，就达不到根治的目的。

规章是人定的。它既是活的又是死的，关键就在于你怎么看、怎么守。

缺法规无束，有法规自律。

立良法才能推善治，推善治才能促和谐。

法典灵不灵，关键在执行。

对执法者来讲，执法的靠背就是来自无差异性的公平；离开

了公平，就失去了靠山。

只有对践踏法律底线的人进

行严惩，才能营造良好的公共
秩序。

倾　听

善听才能发现问题，并有针对性地解决问题。

话不在多，能打动人就好。

堵民口就是丢民心，听民声就是得民意。

一个社会越是向前发展，越需要多种多样的个性表达，并把各种意见整合起来，形成统一意志和行动。

谗言莫听，蜜言甄辨。

善听有良策，言路闭塞出差错。

多听才能肚明，肚明才能摸清情况、办好事情。

对领导干部来说，讲话不在

长短，在真、在实、在管用。只有少讲那些不痛不痒、"也没错误的废话"，百姓才愿听、才受欢迎。

真话也要好好说，不可"想到就说"，而要"想好再说"，表达有理有序，才有利问题解决。

其实，讲真话就是讲心里话，讲对客观现实的真实看法，讲自己愿讲的话，讲认为不得不讲的话。

理论的力量在于说真话、实话，回避矛盾问题只能适得其反。

听不到民声是可怕的，听到的尽是假民声则更可怕。

听民声、察民情，既是正确决策的基础，也是为政者的责任

促使。

为官者要敢于倾听老百姓的牢骚甚至骂声。因为，我们的工作中还存在着一定的骄横、冷漠、懈怠、私情和贪腐。

言语越直白，越能让百姓听明白。

记住：善听他人讲话也是一种礼貌和修养。

倾听百姓呼声，不仅需要心与心的交流，更需要在交流中获取有用信息，以便更好把握情况、解决问题。

听民声需要真心，堵言路永

远听不到真话。

能听进百姓牢骚和苦衷的领导，既是大度的一种表现，更是责任的一种担当。

有些人就是这样：平时有话难张口，似醉非醉话敢说。

对为官者来说，要善听群众的指责和批评，要有容人容事容言的雅量，用自己的工作行动去化解群众情绪、赢得支持。

投石问路，不失为听民声、知民意、规避决策走偏的一种好办法。

判 断

心绪烦乱，不宜判断。

推断是假设，并非结果。

判断未来的事情，必须要有预见性的头脑才行。

在处理问题上，要多设几套方案，权衡利弊之后再下结论。

情况不明，别下断论。

把人放在复杂的环境里再去

考察，准能"考"出个真实来。

说与做一致，是考察、评判一个干部的最终落脚。

用眼观察、用心思考，找准方法、灵活运用，是应对和处理各种复杂矛盾的最佳妙招。

作决定要征求意见，权衡利弊再发布。

做事要果断，切莫专断。

评判一个人，不能光看人家的缺点，重要的是看人家的优点和长处。

巧舌灵俐、刚柔兼济，是谈判者必具的素质之一。

一项重大决策，往往是经过慎重选择之后作出的。没有选择的盲目决策，实为决策者的一大忌讳。

带着框框去考察，绝不能得出真实结果。

思想是行动的先导，立场是决策的前提。如果没有正确的思想支配和坚定的原则立场，行动就会迷失方向、决策就会偏离轨道，那么，随之而来的就会给事业带来严重损失。

看不准的靶子不开枪，拿不准的意见多商量。

善在脸上表现，但内心不可疏察。

真相不明，忌下断论。

判断源于实践，离开实践的判断是臆断。

观察与实验是得出正确结论的路径。

有比较才有鉴别，有鉴别才知其真伪。

生活中常见这种情况：有的人说话难听，但心是好的；有的人说话好听，但心存恶意。因此，交往中必须通过现象看本质，切莫被甜言蜜语蒙住眼睛。

人的看法不同，处理问题的

方式也不同。因此，要学会求大同、存小异，在不同之中求共同。

记住：对人做事不可过早或轻易地下结论。要知道，有的人做事不喜欢张扬，但完成出色；有的人做事好自我炫耀，但总是落空。所以，对人做事一定要在掌握真实情况后再下结论。

能以正确的观点评价别人和看待自己的人，一方面不会迷失自己，另一方面自己也充满自信，并不受他人摆布和支配。

失误，往往都是考虑不周、判断错位而造成。

有些事能坚持自己的想法是对的，但如何坚持却不仅仅是个理论问题，而且是个实践问题，即使自己的想法是正确的，如果提出的时机或方式不佳，那么也往往达不到应有的效果和目的，甚至事与愿违。

一个人如果能站在一定的高度、一定的范围、一定的环境条件下看待某件事，那么，认识、分析和处理问题的方法就会不同，

作出的结论就会比较客观、公正和全面。

一个人想做自己心里想做的事，这是好事，但不能莽撞，要权衡利弊之后再作决断。

在事情尚未搞清之前，就没法做出准确判断。

凡遇事摇摆不定的人，都是缺乏主见的人。

人的智商不同，作出的判断结果也不尽相同，甚至截然相反。

凡判断能力强的人，都是智谋超常的人。

后悔莫及往往都在事发之后。不预则废，早该如此。

历练深厚的人，比涉世浅薄者对事物判断的准确度更大。

以貌取人是判断决策的一个重要失误。

要想合理、正确作出判断，事前就要多打几个问号、多设几套预

案，全方位、多角度地进行观察、分析、鉴别和比对。唯有这样，才能有效避免判断走偏、造成损失。

对决策者来说，作决策一定要体现公众参与，要透明不要封闭，要让群众对决策信息有充分的了解。只有这样，决策的科学性才有可靠保证。

理性的判断与实际操作是有距离的，要说完全吻合、一点误差都没有，那是主观的，也是有悖客观实际的。

以貌断人不足取，察人见心最本真。

对执法办案人员来说，警觉和怀疑是对的，但切不能就此认定某事就是某人所为。

虚　假

人不虚假才真实。

一念离真人作假，假已成真世风下。

不触及实际问题的讲话，不是空话、套话，就是假话、废话。

越是夸夸其谈，做与说往往相距甚远。

有些事，与其吹过头，不如说不全。

要知道，说空话只能导致你一事无成，要养成行动大于言论的习惯，不然，再不起眼的事情，你也无法完成。

眼见为"实"，贵在细察，去表象才见实质。

生活是原本的，夸张、虚浮都是人为的。

事不经历不知情，信口开河是徒说。

在一定场合下，隐瞒也能帮人忙。

干得不好会忽悠，领导应防这种人。

好撒谎的人，面对真话而胆怯。

凡怀揣明白装糊涂的人，都是知根摸底不敢直说的人。

有根有棵，切莫乱说。

神吹大侃自己管，谁人听了谁都烦。

凡浮夸者，大都心态不正或不轨。

知你根底说大话，令人耻笑。

注意：油嘴滑舌的人，大多说话、办事不实在。

吹牛，都是以为别人不知道。

自诩什么都懂的人，无一不是自吹之人。

不讲官话、大话，而讲白话、实话，特别是能让老百姓听懂的话，乃为官者应当修炼的功夫。

讲真话并不难，但在某些地方却成了"稀有资源"，假得很。

记住：形式主义、功利主义催生出来的"成果"，往往经不起时间的考验、经不起公众的质疑，迟早会被戳穿的。

说白了，广告犹如外套，既能彰显人精神，也能容易迷惑人。

实话不怕审，瞎话怕证人。

以牢骚应对时势，不是明智的选择。对辨别能力差的人来说，花言巧语最容易让其受骗上当。

忏悔不发自内心，难改；话多不见诸行动，瞎吹。

多次许诺不兑现，别怪人家说你骗。

人没成绩要面子，越要，人越看不起。

撒谎不会生出真言，嫉妒绝不放弃陷害。

骗人者总要比被骗者智商要高。不然，骗术就无法得逞。

海口夸过难兑现，话成泡影自难堪。

谎言一经包装，不细察，就会上当。

梦醒才知实情。

记住：迷人的广告，请你多加小心、辨清真伪再出手，否则就会受骗上当中圈套、让你吃亏。

人可骗你，但你不能骗己，更不能骗人。

当心，包装美而未必内里真。

有时，忽悠比糊弄更具欺骗性。

你欺我、我欺你，最后欺骗的是自己。

警惕：忽悠总能让一些人在不经意地调侃氛围中受骗上当。

有些事，许诺两次有人听，久了，人家就会把你当成骗子。

诡行之人，不可失防。

虚假是制造冤案的罪魁祸首。没有虚假，就没有冤案。

警惕：扬名人之名是幌，谋某种私利是真。

其实，虚假的东西再会伪装，仍摆脱不了虚假的本质。

谣言止于公开，传闻止于求证。凡事以真实为据，假的就是假的，真实客观存在。

谁容忍虚假，谁就亵渎真诚。

掩饰伪装，只有明眼人才能看清、愚人不能。

识不透真面目的人往往只看人的表面，受人欺骗也就不足为奇了。

事实上，什么都没有行为被

识破更让人丢人现眼的了。

小心：藏头不露尾的人最难对付。

呛不过你的人，当面嘴说软，背后心不服。

不要在众人面前夸下海口，能办到的事可以应允，感觉没把握的事就不要自吹自擂。要知道，食言是让人瞧不起的。

对有的人来说，只有揭开面具，才能看清面目。

原本与此项工作无关的人，却大谈此项工作之经验，此时从事此项工作的人，不得不对其产生疑虑。

花言巧语不上当，骗子骗术用不上。

记住：人玩人，玩到最后玩自己。

自己没能力干的事，却强打精神去干，这种死要面子活受罪的人，实在让人心痛。

骗子如盗贼，同根同族无差异。

凡带有似理非理的东西最具欺骗性。

最恼人的是虚假，最悦人的是诚恳。

常被人骗真难辨，真假让人难分清。

警醒：在虚拟的网络里，难免有虚假的东西。要想防其骗，唯一的选择就是，不为诱惑而心动。

为人要内外如一，做事要知行合一，凡口是心非、说做不一者，骗子也。

故作一本正经，乃虚伪者的一大特征。

美言扰乱视听，假言听而信之。

处 世 篇

处 世

醒眼看世界，静心观世态。

实话实说本该如此，但有些情况就不宜"实"说，否则就会把事情搞得难以收拾。

处理事情首先要问问自己能不能接受，然后再去问别人。

谁能主宰自己，谁就能得到自由。

若能以平和的心态抑制他人的急躁，那么这平和的心态就是一副好药。

含蓄节制乃生存与制胜的法宝，在某些重要问题上更应该这样。

人随年龄长，自我防卫心理强。

你瞧别人心烦，别人看你不喜，凡事都要以和睦、友善为好。

后悔都是事先没有全面思考而导致的。

有些事，知情者不怪人，怪人者不知理。

没有比被别人嘲笑更让人不自在的了。

忙人少是非，闲人嚼舌根。

坦荡的人有啥说啥，隐讳的人遮遮掩掩。

世事如棋，当局者迷，能遇上指路人实属人生幸事。

岂不知，当你搬掉拦路石时，既方便了别人，也为自己铲平了障碍。

遇事脑子转个弯，千万不能一根筋拧到底。

太在乎别人，就会伤害自己。

人老不世故，心就还年轻。

厚道为人多助，刻薄待人寡助。

好嘀咕人的人，最容易招惹是非。

话是开心的钥匙。有些事话说到，双方的矛盾、分歧就可化解掉。

放眼看高处，立足在底层。

面子的事不做，人后的话不说。

宁做高尚的人，不做高贵的人；宁当凡人，不当庸人。

"回头看"不失为检查自身"毛病"的一种好办法。

记住：走红的时候，人偎；背时的时候，人疏。

忏悔既是知错的追恨，也是改错的开始。

凡没有独立精神的人，做事大都依赖别人受憋屈。

心不可太高、人不可太盛，平和对人受人敬。

以炫耀朋友的官位而自我吹嘘者，实属幼稚可笑。

态度对人的办事成否往往起决定作用。

做凡人，不做庸人；当好人，不当老好人。

做人是个难解的题，做个正人才对题。

当事不清好犯浑，清醒都是客观人。

出身不由己，道路自选择，认清形势跟时代，把住方向路不迷。

凡事自己做主是对的，但也不能无视他人的正确意见。

其实，任何难题都有解决的办法，关键就在于找准破解难题的门路。

人要有主见。唯有那些心中无数的人，才被别人牵着鼻子走，并受人糊弄和摆布。

记住：枕边风要慎听，往往有些事坏就坏在枕边风。

有些事，对不撞南墙头不回的人来说，让其吃点苦、受点罪是应该的。否则，是不会接受教训的。

人心渴求别太盛，太盛落空难承受。

想巧是个当，当是自己上，吃亏能怪谁？

谁被名利所累，谁就无法超脱，以至于给自己套上无形的枷锁。

人要讲身份，但不能唯身份。要知道，放下身份的人要比放不下身份的人更能成就一番事业，因为他没有身份和面子的顾虑。

失去要有坦然的心态，面对现实、承认失去，而不能沉湎于不快之中。事实上，得到与失去是相对的，为了得到，就需要失去；不失去就意味着难得到。

出问题先从自身找原因，别怪他人没提醒。

人生要懂得放弃。该舍则舍，该得则得，该放弃的一定放弃。懂得放弃，人生的意义也就懂得许多。

俗话说，好马不吃回头草。我说，草茂好马应该回。

遇到问题不找借口、做了错事不说"因为"，这是一种做人的美德，也是一种为人处世的最高学问。

争端起，难怪一人；双方让，矛盾自息。

有些事，只看到人家的成功，却看不到人家的努力，这种人永远学不到人家的"真功"。

正常怀旧是应当的。但不能因昨天的过错而错过了今天，如果老是这样，再过一段时间你又会回忆起今天的过错。在这种恶性循环中，你永远是个迟到的人。所以，正确的做法应该是参与现实生活，学会从历史的角度看问题，顺应时代潮流，做助推时代发展的排头兵。

刁滑的人投机钻营，忠厚的人本本分分。

选择和放弃是人生中不可回避的两件事，谁也逃不过、谁也躲不了。

其实，人能学会含蓄不露，既是一种大气、一种修养、一种风度，也是一种智慧和学问。

得到了想得到的，却又失去了已拥有的，这样的得到岂不是得不偿失？

对有的人来讲，给面子而不要面子，不要乞求，随他去。

事实上，人只有具备谨小慎微的洞察力和一种韧劲，才能在夹缝中得以生存。

对涉世不深、情况不明的人来说，做事不要锋芒太露，要低调做人。否则，就会招人嫉妒、工作受阻，使你步履维艰。

一个人能敢于面对、承认并积极改正自己的缺点错误，也许会暂时丢一点"面子"，但赢得的是更加珍贵的公信和人心。

当领导的如果常以强硬的态度对待下级，下级必然就会以同样的态度对待你，有时让你下不了台。

好占便宜的人，往往付出的要比贪占便宜付出的代价更大。

生活中，有的人就是这样：他求你，好话说尽；你用他，百般"拿劲"，甚至翻脸不认人，这种人最让人痛恨。

凡以自我为中心的人，必然丧失他人的信赖与关心，更谈不上别人的支持和帮助。

为错误辩解，实际上就是坚持错误、开脱自责。

求人帮忙、投人所好，不能说不是一个精明做法。

人攀高枝不强留，留人为己最坑人。

说服人，得人心；压服人，心不服。

有些事，做过了就不后悔，关键在于改。

有些事，态度一变就好办。

懂人心者懂情理，不懂人心

难懂理。

人走红、要收敛，否则就会招麻烦。

谁人不识相，唯有呆滞人。

凡事想得开、看得透，乃明智之人。

人，打而不服，用心能征服。

善于放下身价的人，往往成就事业的路子越走越宽。反之就窄，甚至无路可走。

其实，吃亏是"福"不是"祸"，往往可以得到意想不到的收获。

谁真正学会了放弃，谁才是真正的大智大勇。

别忘了，跟随领导就要读懂领导。只有平时紧紧围绕领导关心的敏感问题进行多思考，才能在把握领导意图并在工作思路方面"智"高一筹。

别小看一个小小的误会，如

果处理不当，往往就会造成不可原谅的大错误。

记住：当损失不可避免发生时，我们应当权衡利弊、当机立断，快速舍弃眼前利益。若是患得患失、想这顾那，这不仅无助于损失的挽回，反而还会造成更大的损失。因此，"两害相权取其轻"就是这个道理。

其实，"挡驾"也是一门学问。事情处理得好，替人解脱；处理不好，就会带来更大麻烦。因此，挡驾就要"挡"在"火候"上，否则就会把局面搞得更僵。

谁能懂得"大恩如大仇"的道理，谁就能处理好与他人之间的关系。不然，就会反目为仇、势不两立。

如同谁也不能天天都见太阳一样，凡事都有不尽如人意的地方，要求每件事都能完全达到人人满意，这既不现实，也不可能。

处处小心谨慎的人，虽犯不了大错误，但也难以有大作为。

凡拒绝他人的人，一来认为该拒，二来有难言之隐。不然，就不会向他人说"不行"。

世事多复杂。你要学会"睁一只眼、闭一眼"去看待、处理世间的人和事。唯有如此，你才能去除烦恼、放松身心，永葆生活之乐趣。

能对某件事想到了，并且做到了，这就是眼光。

为人做事，谨小慎微不可取，放肆鲁莽更不许。

嚼舌头、胡乱扯，说白了就是暗藏在背后的杀人凶手。

有主见的人是不会被别人的意见左右的。

有些场合，能给脸面贵似金的人一点"面子"，不仅他会感激你，而且会说你"好"一辈子。

凡事只要自己做得问心无愧，就别管别人说些什么，甚至骂什么！

请君记住这一条：做人可以率真，做事不可率性。

便宜不占，难被人骗。

与人相处，要多找找自己不足的地方，该做什么、不该做什么，清楚了这些，就不会与人相处不好。

淳朴的人不刁滑、很本分，说话、做事最认真。

不管别人怎么说，自己明白该咋做。

知己知彼不容易，需要一生作努力。

为人处世不能以"我"为中心、光打自己的"小算盘"，要设身处地多为他人着想。只有这样，人们才会给你以友善的回报。

谁能看穿他人之心，谁就能更好地利用他人，从而达到自己所要得到的东西。

没有什么比受骗而又挽回损失更让人觉得庆幸的了。

就过问某件事情来说，内情不详少言语，即使该讲要慎重。不然，就会自找麻烦惹人嫌。

当你对某人或某事产生怀疑时，最好的办法就是要多加提防，且不要显露声色、露出破绽。

强人所难，实际上就是强压他人。

说来也怪，平时两个人恼得互不搭理，后因某件事情的"撮合"，两个人又好得像掰不开的生姜一样。这就是人们常说的：有一恼就有一好。

人的压力大都是个人的期望值太高而造成。

在领导面前不要暴露对他的不满，不然是要吃亏的，甚至吃大亏。

讲话不可随便。要知道，一句无意的提醒往往能把平息多年的事端再次挑起，甚至闹得无法收场。

有些事，不怕被人毁，就怕自己毁。

人
生
心
语

把自己抬得过高，人家就会把你压得过低。

某种事明知政策不允许，但就是死缠活缠要人"想法"来帮忙，这就是强人所难不懂理。

有时弯腰既是一种姿态，也是一种风范，其目的就是为了更好的挺直。

当一个人从实权岗位退下来的时候，才能真正看清当初谁是知己、谁是小人。

一个人做事能有人提醒，不失为一件好事。要感激、切忌怪罪和厌弃。

做人不要太死板，灵活过头人也烦。

修　身

看重权力，就会看轻他人、无视他人。

凡事要有所敬畏，才能不越底线、走得更远。

学识修养看谈吐，为人好坏看做事。

自己错怪了人家，人家说你两句你还恼，甚至和人吵闹，这种人太缺自身修养了。

有势不仗势，仗义。

养浩然之气，做方正之人。

无理狡辩人最烦。

好言相劝不悔改，自己犯事自己受。

心无杂念，才不会被世事所纠缠。

错怪别人的好意就该向人道歉，千万不能把人家的好意当成恶意对待。

宁舍钱财，不丢人品。

来一回人世，做一世好人。

一个温文尔雅、外表俊俏的人，如果不注意在公众面前说了一句脏话，或者做了一个不文明的举动，那么，这个人就会给大家留下不好的印象，而且这种印象也往往很难从人们的心目中抹去。

德，为人处事之根。

一个人良好品质的养成，往往在艰苦环境下而不是在富裕生活里。

专横跋扈，当官大忌；平和对人，为官谨记。

得志不收敛，祸患离不远。

与常给你提意见的人相处，的确需要一种胸怀和境界。

人要有雄心，不要有野心。

长相漂亮而修养差，这种人绝不能称其美。

吃亏是福、财去人安，乃智者的一种心态和选择。懂得吃亏，是以防止今后不再吃大亏的精明做法。

其实，作风不是"风"，它是一种习惯、一种坚持、一种修养、一种素质。

从某种意义说，不论你干啥，只要有个好心态，你就是赢家。

从某种意义上说，人的修养有多高，作为就有多大。

要知道，别拿自己太当回事，既是一种力量的曲径展示，也是一种冲刺前的积蓄和磨砺。

又到人事调整时。面对个人进退留转，一个人如果能做到"进"者奋发有为、"退"者心情愉快，那么，自然就会让人感到十分欣慰。

一个人唯有修身以养心，淡泊以明志，宁静以致远，才能养成积极向上、豁达开朗、包容对人、理性处事、内心平和的良好心态。

一个人能不说粗俗的话，说明你有较高的品德修养。这种修养不是虚伪的，而是其内心对人的一种尊重，反过来你自己也会受到别人的尊敬和喜爱。

人的一生能始终保持平常心，这是不易的。它既是一种美德，也是一种境界。人性的最大不足就是身为平常而不甘平常，甚至一味追求超常，最后不得不落个悲惨结局。这是我们应当引起注意的。

能在人后说人长，说明此人有良好的道德修养。

一个口无遮拦、过于随便之人，既说明其涵养不高，也易于被他人戏弄。

多事的人惹祸。

谦和是一种气度、一种境界、一种修养。不谦和就无气度、不和谐、没力量，甚至与人对抗。

修身先修心，心不修者难为人。

善事越多做，德显越高洁。

拒不改过难调教，铸成大错咎自取。

人不可低估别人，更不可高估自己。

人没有一点名利之心是少有的，但绝不能为名利而名利，否则就是典型的功利主义和自私者。

诡辩者难认己错。

生活中，出尽风头、好抬杠的人，在别人眼里只不过是一个跳梁小丑而已。

图面子是虚荣心的一个明显特征。

修身行善争先，金钱名利退后。

想学好，只要知道就不晚。

待　人

待人要厚，对己要薄。

树大遮阴、人大挨骂，待人一定要和气。

处人要记住，恶言不出口，出口要温柔。

为人办事别勉强，能办则办，不能办则早说要比晚说强。

常反悔易失信，说到做到人"挺"你。

某些事，与其怪人家，不如说自己没做好。

笑颜可亲，怒颜可怕。

常念别人的好，不要想着点子去整人。

待人要和气，处事要公平。

为人诚实人称道，做事耍滑人最烦。

克己为人，大度处事。

对人好是应该的，但要分清孬好，不要被不轨的人迷住心窍。

帮人是福，坑人是祸。

做真实的自己，为真诚的朋友。

笑脸待人人心暖，冷脸对人人心寒。

做人不娇气，为人要大气。

说话响当当，做事硬棒棒。

冷落别人就等于给自己出门办事设置路障。

人对你一心一意，你待人就不许三心二意。

岂不知，能多想别人的好处，对人家做事欠缺的地方就不会计较和生气，同时也能彰显一个人的宽宏大度。

人宁可单纯，不可奸滑。

先看自己、再看别人，你就不会轻意笑别人。

玩人者被人玩，骗人者骗自己。

凭本事吃饭，不给他人添麻烦。

你可知道，把"计较"抛脑后、让"大方"走出来，人才大度和大气。

当你拒绝对方感到十分为难的时候，不妨寻找个恰当理由，以正当的、不至于被对方误解的理由来"搪塞"，从而使对方自愿放弃对你所提出的要求。

对有的人来说，敬也起作用。

人不可计较一时得失而忘长远。

为人做事洒脱、大方、热情、不做作，你的人气就足、就浓。

人无豪气，做事也就不大气。

说话诚实，做事扎实。

请你明白这一条：不付出真诚，就得不到对方的真情。

你可知道，过分挑剔别人，只能失去人气，很难拢住人心。

某件事，当你错怪别人的时候，其内心受到的自责要比你错怪人家更难受。

能敢于承认对方价值的人，乃自知之明之人。

要记住，给别人，益自己；少索取，惠他人。

有的人就是这样：人对千次好、一次不顺意，对人就记仇，这种人当该扪心自问了！

做人的最大失败就是没人偎。

记住：人要有心计，但不可

工于心计。

人心走了弯道，为人做事就不地道。

不辨是非冤屈人，真相大白愧对人。

话不可说绝，一切皆有可能。

为人讲真诚，做事讲规矩。

记住：当面向你说好的人，不一定是好人。

为人处世要长远，人不长远无人偎。

办事要实在，待人要真诚。

有些事，该较劲的就较劲，不该较劲的就下驾。

人不地道没好报。

一个人做事不要太绝。"物极必反"这是常理。

领导对下属要关心，但要适当保持一定距离，不然就会给自己的工作带来不利和影响。

本分做人，诚实待人。

得理者让人，人佩服。

利人是利己之根，不利人岂能利己？

一个人诚心帮你办事，不仅你不领情，反遭你的埋怨，这种人太让人心寒。

蛮不讲理、拿话噎人，是没有教养的表现。

不远人、不薄人，忠厚对人。

从某种意义上说，对不起别人，实际上就是对不起自己。

暖心的话能治人心病。

与人相处，除了得到真诚以外，没有别的目的。

手持镜子，先照自己，再照别人。

不给别人留条路，自己的路

也被堵死。

为人处事不能太傲强，别人说得对，就按别人的办；别人说得不对，也不要太介意，谦和、大度才能相处久长。

凡瞧不起人的人，终究被他人瞧不起。

凡戏弄他人的人，终究被他人戏弄。

不轻一字、不诳一言，说话实在，对人诚恳。

其实，对不起既是一种歉意，也是一种真诚。

凡对别人崇拜有加的，没有一个不是不听他人的。

待人要分场合：该客气的要客气，不该客气的就不要俗套。

智 慧

有智不分年老少，无智再老不如小。

有智慧，就有力量。

敢为人先，没有胆量和机智不行。

好东西往往藏而不露，没有慧眼难发现。

凡事有自己的独到见解，说明你才学渊博、头脑聪慧。

学能长智慧，不学人迟钝。

悟是智慧之源。

知识是智慧之灯。

智慧买不到，知识可帮忙。

智慧能使穷变富。

有智慧的人，才是力量无比的人。

智慧再发达，闲置也白搭。

有些活，用力千斤不如用智一分，干得轻巧、做得好。

敌众我寡莫强拼，迂回战术智攻之。

一个人的过人才智，除自己应有的个人天分和创造力、想象力以外，还包括对他人、对事物、对环境的审视和知晓。除此，就谈不上比他人有更强的才智显现。

生活中，当你察觉到别人在"玩"你时，你却能不动声色地在背地里与之应对、周旋，这说明你的警觉与策略更胜对方一筹。

只要有智慧，人就有力量。

智慧是实践经验的沉淀与结晶。

一眼就能看出事物的本质，说明这人有锐利的目光与智慧。

把智慧用到最大化，不要吝啬自己的聪明才赋。

其实，真正的智者总会避开黑暗、占据光明。

凡能看到别人不能看到的，考虑别人不能考虑到的，预测别人不能预测到的，这就叫远谋大略、计高一筹、策远一着，极具先见之明。

智慧具有两面性：诚实的智慧——利民；虚伪的智慧——害人。

既了解别人，又认识自己，乃智商高人。

智者不以有过为耻，改过即为荣。

智慧的显著特征就是具有独特的想法和举措。

有智之人骗不了，无智之人被人骗。

世间一切都变化无常，能在这无常之中保持平常之心，乃智慧之人。

谁能享受人生的智慧，谁就能做到不计较已失去多少东西，

而更加关注眼下还剩多少东西。

智慧长在心术不正的人头上，危害更大。

聪慧的头脑附着于健康的体魄，才能发挥更持久、更有效的作用。

聪　明

错了，不责怪别人，说明你聪明。

多长点记性，少耍点聪明。

人在强势下，服软不服输。

人在事非圈里，光听不说是最精明的做法。

再聪明的人也有犯浑的时候。

人有教训别低沉，走出教训最聪明。

和憨子闹别扭，自己也精明不了哪去。

平时，人要学会掌握和运用糊涂学的技巧才行。有些事，该明白的就明白，不该明白的装点

糊涂也不失为一种精明。

一个人能用自身的"镜子"照自己而不照别人，那才是真正的明智之人。

怀旧更要识时务。

聪明人见机行事，愚笨的人坚持愚为。

聪明人知道得多、说的少；愚笨的人知道得少、说的多。

别忘了，聪明人往往也有糊涂时。

先纠己错，再正他人。

在某些事情上，聪明人少言，愚笨人多说。

败走麦城好丧气，吸取教训再奋起。

聪明外露也是一种缺点。

有些事，若能尽量避免与同事进行毫无意义的争辩，那么，一方面可以省去很多时间和精力做自己想做的事情，另一方面可以增进彼此间的感情和友谊。可以说，这是一个十分聪明而又非常实际的做法。

吃亏人长智，不再犯二回。

聪明人干啥都比常人得窍。

能吸取别人的过失而矫正自己，那才叫精明。

没有人不曾有过过失，能从过失中吸取教训，不失为聪明之人。

好耍小聪明，必误大事业。

诱敌以歼之，佯攻以取之。

在某些问题的处理上，故意装憨也不失为一种精明。

人懂取舍最聪明。

不寻烦心事，人才最精明。

聪明的人不易迷失。

好了伤疤不忘痛，吸取教训最聪明。

拦不住的思想、捶不烂的意志，不该强求的事情不得强求，这才是明智之举。

能善于从身边人身上吸取好的东西，是你最便利、最省事、最不需要花钱的聪明做法。

一个最经济划算的做法，就是积蓄大量的体力和精力，以作为获取事业成功的长效资本，这才是聪明人的聪明之举。

一个人做了不该做的事而感到羞愧，说明这个人已有自责的心理和悔改的表现。

聪明人的精明就在：看到别人做得不对，自己马上就改。

能接受别人的教训而不走弯

177

路，这人最聪明。

聪明的人吸取教训，愚笨的人重蹈教训。

拿别人的过错警醒自己——聪明。

记住：聪明是用来做事的，而不是用来"玩"人的。

事实上，破密往往比守密更聪明。

啥事都放开，人才最聪明。

遭人说嫌别计较，内心愉悦最精明。

因为我吃过亏，所以就很少犯同样的错误。

谁能承认自己的能力有限，谁就变得聪明了起来。

"高人"面前自叹不如，乃自知之明之人。

学人之长，算你聪明。

有些事千万记住：前车之鉴，后车当诫。

别忘了，聪明人不下笨功夫难能成功。

习　惯

撤开被动的习惯，自觉、主动地做好自己该做的事。

好习惯就是好美德。

恶习就是顽疾。

习惯，不自觉地行为表现。

圈惯了的狂犬，放出去就会伤人。

好习惯应由美德而体现。

重复一个动作，长了就成习惯。

习惯要靠坚定的意志去征服。

人的行为习惯多半是从小养成的。

丑俊第一眼，常见觉不着。

人不要做恶习的奴隶，要敢当向恶习开战的勇士。

改变习惯的最好办法就是，以习惯改变习惯。

习惯取决于意志，意志坚决，习惯自改。

习惯使人难自主，不知不觉就去做。

对好贪睡的人来说，没有坚强的毅力和决心，是很难养成早起习惯的。

敢同自己的不良习惯叫板，坚持住就能改掉。

从小矫正孩子的不良习惯，对其一生成长大有好处。

人不改恶习，也就没有大出息。

陋习坚固。打掉陋习，没有"舍我其谁"、"向我开炮"的精神和行动，怎行！

不管你的智商多高，一定要养成自己动手的习惯。

常看的东西，再好，不稀奇。

习惯，来不及半点准备就在人的行动中显现出来了。

近恶习而染身，去之更难。

岂不知，有的人或事，乍看起来很别扭也不舒服，但时间一长，这种感觉也就自然没有了。

好习惯成就人生，坏习惯毁人前程。

个 性

当你谈论别人的时候，其实你的某些个性也已显露。

人的个性一旦定型，想不暴露绝不可能。

个性对人影响很大，一生好坏结局往往是由人的个性而造成。

不雷同他人的，就是自己的。

一个人的果断个性，往往是在不断克服优柔寡断、胆怯懦弱的过程中铸就和增强。

谁能将自己的个性表现在创造性的才能中，谁才有资格去张扬自己的才能。

当领导没点个性不行，如果啥事都说好，不敢管不敢问、谁想咋着就咋着，那么，既干不成事，也统不了人。

个性对人的成败起关键作用。

人人都有个性，只是有柔有刚、有隐蔽有外露而已。

人的个性是特有的，谁也夺不去，谁也学不来。

重复别人创造的东西，永远不属自己的。

个性是自己的，完全相同的个性是没有的。

任性的人大多固执，固执是要吃亏的。

能把自己研究透，才能把握关于人的真正内涵。

人没个性，就没自己。

我写作的风格是：冷峻的文、炽热的心，辛辣而温馨。

对有的人来讲，输光才知赌为害，成瘾至死不悔改。

职场上，不同于他人个性特点的求职者，易被老板欣赏。

年少任性不听话，待到明白后悔迟。

什么是个性？我说，个性就是既不守规又难自控的情绪张扬。

个性是成功之母，多样是创新之父。

自 律

规避好自己，才能约束住他人。

自由诚可贵，失去最痛心。

严自己、宽待人，以理服人不压人。

有些事，靠人自觉遵守比用制度约束更持久、更管用。

善待自己，不能放纵自己。

对己严为上，待人宽为本。

以法约身，以德修心，为人处事不越底线、不损人。

有些事你管不住别人，但不能管不住自己。

思想要活跃，行为要守规。

"法"念在心，邪念自退。

心有尺规，做事方正。

人要自由，但不可无拘无束、放纵自己。

军队无纪律就等于有岗无哨兵。

别忘记，监督不是开头而是始终。

纪律因领导恪守，才能使他人遵守。

不占便宜不上当，不干坏事不入监。

节制就是一种控制。没有节制和控制，生活秩序就会乱套。

自律是拒贪的门卫。

你对自己严一点，别人就会对你高看一眼。

事实上，自律既是一种美德，也是一种道德要求。

处人立身当律己，做事认真贵出心。

不留死角的监督，才是真监督。

以制度管人，按制度办事。违者，无论是官还是民，都要一律按制度平等处理，决不偏袒。

话不能说得太绝，一旦不兑现，让人翻出来，其脸面就更加难堪。

别忘了，有"眼睛"监视自己，才不犯错或少犯错。

你要爱你的家人，就要管好自己、别惹事。

大师大家有大悟，人生严谨有大成。

按规矩办事，栽不了跟头。

过去有些人在大风大浪中都闯过来了，可惜在眼前某些个人私利上却栽了跟头，你说痛心不痛心。

反腐败的关键是对一把手的监管。

无人监管能像有人监管一样地去工作，那才叫高度自觉。

当头的，最容易在权力无人监管之下栽跟头。

对为官者来说，管不好自己的人，就没有资格管好别人，即便硬管，也是徒劳。

稳 重

遇事不可惊慌失措，稳住阵脚，方可胜券在握。

有些事，利弊敞开众人定，切莫不通硬强行。

过犹不及、欲速不达，凡事都要考虑周全、不能莽撞。

凡遭他人"激将"而不冲动，乃稳重之人。

心境平和的人，处乱而镇静。

遇事要冷静、要细察，不要盲从。

履职初始记三条：学习、了解、慢拍板。

对既定的事实，与其强烈抵制，不如冷置处理。

盲目、武断、固执，乃后悔之缘。

有些事，不明真相勿擅为，弄清根底再决定。

从容者，沉稳、大气。

事有预案，应对不乱。

处事不可谨小慎微，但也不可粗心大意。

对从事地下工作的人来说，接头不能多头，否则就会暴露。

记住：当矛盾发生时，不要相互争吵辱骂。要知道，辱骂争吵并不能解决问题，也不会给任何一方带来快乐或胜利。相反，只会带来更大的烦恼、怨恨和伤害。因此，最好的办法应该是冷静地反省自己、克制自己，泰然处之，让对方刮目相看，平静而又柔和地解决问题、化解矛盾。

遇事冷静不容易，过后才知当时懵。

切记，遇事乱了阵脚，事情越办越糟。

再好的政策也经不起折腾，朝令夕改就是最大的祸害。

谨言慎行，稍安勿躁。

忍小忿而就大谋，乱方寸而受损失。

遇难办之事需耐心，急躁不会帮你忙。相反，则越急越乱、越办越糟。

岂不知，有时候一个人的过激行为，往往就是在不冷静的一刹那酿成大祸，后悔莫及。

说话要得体。一句走偏的话，足以让百句光彩的话黯然失色，并且会给你留下深深的遗憾。

跟领导的人，一定要慎重处事，切不能让领导形成对你有"功高盖主"的看法。不然，你的前程就会受到影响。

别忘了，凡事都要慎重些。随便、轻意打发一些人或事，说

不定哪天就会在你的人生旅途中凸显出来，给你带来不好的影响。

遇事不冷静，祸端因此生。

当人与你顶嘴的时候，只要不是原则问题，能自我忍让一下，矛盾就不会闹大。

对急办的事情，你着急点行，但不能盲从。

能从紧张快乐的环境当中，迅速转入平静的生活，的确对人的心理素质是个考验。

乱中见定力，稳中方取胜。

镇静是一种"造势"，它对行为不端的人起"震慑"作用，同时告诉世人你并不怕他，并且有能力、有办法对付这种人。

自己看中的人或事，切勿盲从，权衡之后再决定。

其实，先斩后奏既是特殊情况下处理事件的一种手段，也有难以撇开自以为是、擅做主张的一种嫌疑。因此，遇事一定要慎

思熟虑、权衡利弊之后再行动，切忌贸然。

事实上，好心办坏事都是不明真相惹的祸。因此，遇事不可盲动，应分清辨明再去做。

不盲目听别人的，不做自己没有把握的，凡事都要多思考而不盲动。

性急做事不冷静，本该事成终不能。

心有惊涛而面无波澜，乃沉稳、冷静之人。

性　格

人的性格总是在人的行为中显露出来，要想不显现，那是不可能。

人孤僻不近人，人开朗悦自心。

人的性格相似是常有的，但完全一样是没有的。

要知道，人的性格绝不因一时的失误而改变。

人的性格豁达、开朗，无论什么时候都感到光明、幸福和快乐就在身边，从不把忧愁、烦恼放在心上。

性格单纯比藏而不露的人好相处。

有什么样的性格，就有什么样的命运。

和一个人交往长了，其脾气性格也就掌握了。

人的性格的形成，最重要的一点是离不开健康而开放的人际交往和人际关系。

性格藏不住，处长就知底。

性格急躁、脾气暴躁，时常会给人带来许多麻烦。因此，放

185

平心态、抑制性子、压住内火，实属遇事冷置的最好妙招。

人的性格不同，为人做事的风格也不同。

人要具有做事果敢的性格，平时就要注意养成干脆利落、斩钉截铁的行为习惯。不然，则不成。

凡个性强的人，都是很难听进他人意见的人。

人的性格和心态，往往决定人的命运和结局。

人有暴躁脾气，不改掉往往毁事。

要想了解一个人的性格好坏，只要看他的行为结果就够了。

性格难"拘"住，不知不觉就暴露。

有些事，谁能控制住自己的刚直性格与对方周旋，谁就最明智。

这个像那个，就失去了自个儿。

别忘了，多接触才知其性格。

批 评

能接受别人的批评，就等于人家给自己指出一条前行的路。

在处理问题上，要做到对事不对人、记事不记仇，只要能叫人接受教训、知道改正就够了。知错试错，实为明知故犯。对这种人的处理，绝不能心慈手软、姑息迁就。

指责他人，要以关爱之心才能让人折服。

一个人的意见如果引起多数人的不满，那么，你这个意见就应该放弃。

痛恨过错，不如纠错重做。

用旁敲侧击的办法指出别人的问题，要比面对面地说出来更容易让人接受，并且不易使对方感到自己的面子抹不开、不好瞧。

批评尖刻没啥，就怕偏离要害。

听一听别人的诤言，有利于改正自己的缺点。

把批评当动力，前进的脚步就会更快捷。

其实，提醒别人的同时，对自己也是一种警示。

不怕遇事迷，就怕没人提。

生活中，如果不让人家讲错话，就不会有人讲真话；如果不能原谅别人的批评失当，那就不愿或者拒绝接受他人的一切批评和建议。

记住：批评既不能道听途说、捕风捉影，也不能轻信反映、随便指责。要重事实、讲道理，以理服人，否则就有悖于批评之初衷。

批评要"靶标精准"、击中要害，反对那种空对空、软绵绵地泛泛而论。不然，批评就跑了道、失了效，毫无意义。

批评要讲究方式方法，以团结、帮助、与人为善为目的批评，最容易让人接受。反之，则不满或不服。

批评与劝说也要分场合，不然则达不到预期的目的，甚至会出现不愿看到的"难堪"场面。

从某种角度讲，不同的意见甚至是反对意见，也是一剂良药。

当领导批评某种现象时，请不要对"号"入座，有就改，没有就当作提醒，不必自惹麻烦找气生。否则，就会造成不好的影响和后果。

一个人能否敢于直面问题，不仅是个态度问题，而且是个勇气和能力的问题，有时能力甚至决定态度。

批评别人可以，羞辱别人不许。

记住：当别人对你提出的意见持不同看法时，你不要认为自己的面子不好瞧，也不要马上改变你的观点去迎合他人。要知道，不管什么人，谁也不能完全保证自己所提意见都能得到大家的认可，总有一些人会提反对意见，这是正常现象。如果你能明白这一点，那么，你就找到了解决问题的办法和理由。

当别人向你提建议时，即使你另有想法，但也不要当面拒绝或反驳。要知道，自己的想法并非完全尽善尽美，别人的建议也不一定没有一点可取之处，正确的做法应该是：合理的吸纳利用，不尽合理的应补充完善或弃之。

在风气不正的情况下，自我批评难，批评他人更难。

实际上，自我批评既是一种胸襟、勇气和自觉，也是一种以形示人、以己警人的好方法。

开展批评与自我批评，既要"批"又要"评"。只有把"批"和"评"很好地结合起来，才能使被批评者受到心灵上的震撼。

批评要重证据，既不能道听途说、捕风捉影，也不能轻信反映、乱训一通。

祸起不听劝，听劝得平安。

批评出压力，压力出动力，动力出成果。

之所以有的人受到谴责，是因为他做了不该做的事。

事做错了，就要敢于承认、不怕丢人，越是遮遮掩掩，越最让人看不起。

听净言必须要有一个宽松的纳谏环境才行。

听不得批评治不了病，讳疾忌医害自身。

善意的批评要听，恶意的提醒别理。

谁能跳出个人私利去批评，谁才能真正做到理性批评，其结果才能更加公允和持正。

帮　助

凡能帮他人做点事情的人，一定是一个有一定能力的人。

平时有话窝心里，喝酒盖脸话敢说，听一听这种人的话，其里面对你不无触动或帮助。

当你为别人排忧解难时，无形中也在为自己今后遇到困难时谋求帮助。

对当头的来说，对人要和气，对犯错的人甚至犯了严重错误的人，也不要一棍子打死，要用暖心的方法，使人觉醒，促人改错。

孩子的进步往往是需要大人的鼓励和帮助，施压则适得其反。

帮助别人是应该的。但帮助的对象要看清，该帮则帮，不该帮的坚决不帮。否则，就会遭致灾祸、殃及自己。

生活中，可帮可不帮的人可以不帮，但最孤独无助的弱势人必须要帮。因为，这是人道、仁爱和良知对每个人最起码的要求。

人的帮助无大小，有时给一个人很小的帮助，往往能成就其由平凡到伟大的转换。

凡不给别人帮助的，别人也不会给你帮助。

别忘了，你去帮助别人，是你追求个人成功最保险、最有效的一种方式和手段。

看不见的帮助比看得见的资助更诚意。

别忘了，对事业痴迷者更要鼓励和支持。

助人为乐，要做就做"雨中送伞、雪中送炭、苦中送乐"之人。

要知道，能给自己的上司提一条好的建议，要比你自己去干价值要大得多。

有时，最刺耳、最不中听的话，不一定对人没帮助。

想给自己留条路，首先要给别人留退路。

帮助别人也就等于帮助自己。因为，人都是有感情的，忘恩负义的人毕竟少数。

人生活在社会中，人与社会是一个整体，帮助别人就是帮助自己，有了社会整体的生存，才可能有完善的个体生存。

有时候，帮助就是一种塑造，塑造的方式就是教育和培养。

规劝别人的目的，就是让他人听自己所说的。

对极端自私的人还是少帮为好。因为，这种人无论你帮他多少忙，他都不会感激你。只要你对他稍有一点点不利，他就会变本加厉坑害你，绝不手软。

凡处处替别人着想的人，想自己的就少。

岂不知，违人心愿的"帮忙"，既没人感激，又让人生气，何苦呢？

对热点问题的关注，作为记者来说，后续的关注要比前期关注更重要。因为，跟踪关注对促使某些问题的解决更给力、更有效。

记住：在别人落难时，能帮就帮，不能帮也不要落井下石。不然，这既不道德，也最可耻。

只要出心帮别人，别人才会感激你。忘恩负义的人有，但毕竟少数。

不论你平时对人多恭维，都不如人在难中帮一把。

对朋友的事要帮，但"出格"的事撒手。

赞 誉

谁把点赞当起点，谁就能摒弃骄满创新绩。

不要为名誉争功，要为释放自己的最大潜能而竭尽全力。

仅为名誉而做事，人就失去了应有价值。

维护名誉，但不要硬争荣誉。

做事尽竭力，荣誉手不伸。

不为名利而能做出非凡业绩，才真正了不起。

凡成"大腕"的人，其背后都有一群追随的"粉丝"。

酬功者，理当。

警惕：人在赞扬声中要清醒，一旦冲昏头脑就会栽跟头。

赞美别人，同样会给自己带来快乐。

其实，奖杯再多，不如群众口碑值钱。

毁掉名声，就等于毁掉前程。

背后赞誉比当面夸人更真实、更纯洁、更为心诚不虚伪。

有时，一句美言胜过万贯金钱。

荣誉人不送，只靠自己挣。

岂不知，奖励不止别人给奖励，自己奖励自己也未尝不可。因为，这种奖励不需要别人举荐，也不需要任何物品，而是内心给自己一个鞭策和鼓励。实际上，自我奖励也就是自我管理的一种激励形式，或许它比别人奖励更具内在激发力和推动力。

其实，赞美既是一种认可，也是一种佩服和赏识。

赞美的力量不可小视。一句赞美的话，往往能使本来办不成的事情能办成、本来阻止不了的行为能阻止。

获誉谦虚更有益。

要知道，名声和面子固然很重要，但在特殊环境下也要学会舍弃，该低头的且低头，以保全自身、换取更大荣誉。

给一个人的最高奖赏是什么？是金钱还是桂冠，都不是。应该给他一面镜子，让其照照自己究竟是一个什么样的人。

荣誉两面观，既能使人进步，也能拖人后腿。

不出声即能表达与出声效果一样的，便是点头默许。

荣誉易得，失守也快。

授誉刺激能给人一种动力。

维护名声，远比苟且活着价更高。

荣誉记录过去，奋进充实未来。

谁真诚赞美别人，谁就得打内心里有一种佩服感。不然，就是假意。

别被赞美遮蔽眼。

赞扬声中戒自傲，再接再厉再进步。

赞美是一种欣赏，也是一种能力。学会适时适度赞美，不仅可以激发人的工作热情，而且对管理者成熟与否也是个考量。

受誉的人应切记：别把赞美当资本。

鲜花能使人赏心悦目，同时也能让人麻木、衰退。

虚伪的赞扬，说穿了就是在人背后捅下一把杀人不见血的刀。

不苦筋骨难争气，光环浸泡汗水里。

鲜花和掌声历来不与懒人联姻。

缺 点

人有缺点不要紧，只要不损德，那就无大碍。

有过错能改就好，切勿自暴自弃。

失误人常有，一贯正确不鲜见。

缺点从知道纠起，错误从内心改起。

教训既是学问，也是财富。

忏悔既是知错的追恨，也是改错的开始。

急功近利无远谋；惨遭损失后悔迟。

任何人都能挑出瑕疵，完美无缺的人没有。

如果你迁就一个人的错误，实际上你也跟着犯了一个错误。

有错早改早主动，知错不改损失重。

有的人就是这样：自己的毛病看不见，专挑人家的"刺"。

事实上，每个人都或大或小犯过错误，唯有傻子才说没有。

一个人可以忘记过去的错误，但错误中的教训切莫忘记。

有的人错就错在不知错，一错再错难救药。

人犯错误不可避免，但不能老犯低级错误，一而再、再而三地犯，犯了改、改了犯，这种人最让人感到头痛和难治。

不恰当地、过分地批评他人的过错，也是一种过错。

能给你指出缺点的人，不但不要恨他，而且还要感激他。

记住：话中带"刺"，只要不怀恶意，就是对你做事欠缺的一种警示。

让一个人克服自己的弱点，比让其去完成一项艰巨的任务还难。

不搭理是一种拒绝别人提反对意见的软抵抗。

找人家的"不是"，先看看自己咋样。

好耍小心眼的人不得人气。

一个人能在众人面前主动说出自己的缺点，这不仅不会削弱大家对你的信任感，反而会增加对你的信任，某种情况下，缺点也能转化为优点。

没有一个人是挑不出缺点的，也没有一个人能做到十全十美的。

谁能拷贝自己的缺点，并能改正这个缺点，谁就最聪明。

知道自己的弱点，自然就能

避开这方面的缺点。

其实，问题并不可怕，只要能驾驭、掌控和化解，那就没问题。

人人都有不足、事事都有瑕疵，完美的人与事没有。

一个有污点的男人能自觉、主动地向人坦白和承认自己的过去，远比一个做了不轨之事还装作一本正经的人要强的多、可贵的多。

当一个孩子能够意识到犯错需要承担责任时，说明这个孩子已经有了成人的觉悟。

不悖道德的缺点，就算不上什么大缺点。

揭短与提缺点截然不同。前者主要是让人丢人难看、带有羞辱的举动，而后者则是让人吸取教训、帮人进步的善举。

缺点人人有，只要你不放任和宽恕自己的缺点，你就能进步。

愚 笨

掩盖错误，实际上就等于又犯了一个错误。

能被人多次哄骗，别怪人说你傻。

有些事就是这样，越固守自己的想法，越容易造成后悔。

不机灵的人，无论做什么事情，都比他人慢一步。

凡遭贱自己的人，都是无知愚昧的人。

自以为聪明的人，大多为愚笨之人。

有智也好、无智也罢，智愚参半最糟糕。

聪明人做了蠢事，损失比笨人更重。

做事不计后果——蠢为。

如果你被同一个人骗过三次以上，那你就是一个再笨不过的笨蛋了。

凡事不可精过火，过于精明反为愚。

在公众场合，故意渲染和张扬别人的缺点或缺陷，实际上既伤害了别人的自尊心，又使对方对你产生怨恨，实为一件损人不利己的事情，千万不能干这种蠢事。

做人要懂得以退为进的道理。不然，就是愚笨之人。

故作聪明的人，实际上就是俗语所说的"一瓶子不满、半瓶子晃荡"的人。

其实，好出风头、好表现自己的人，往往并不一定有才华，很可能腹中空空或者一知半解。

如果憨子提的问题精明人能回答，那么，精明人也就成问题了。

某些事，明知不对硬去做，不是傻瓜胜傻瓜。

聪明人如果受到憨子的赞扬，实属可笑而又可怕的事情。

能觉醒于蠢为之前算人聪明。

不知道原谅别人而让自己痛苦，实属傻瓜一个。

人遇绝望就轻生，这人最愚蠢。

谁说自己最聪明，谁就最愚昧。

随机应变是聪明人的专利，憨子做不到。

迟钝者对正常人来讲，永远慢一拍。

人不能糊涂到被别人加害时，还说别人好的地步。

人有点傻气没啥，但不可成傻瓜。

本来笨拙人取笑，再仿笨拙更糟糕。

凡事都合自己的意，纯属奢望和无知。

最傻的人就是要钱不要命。

聪明的人最懂曲直之道，该屈则屈，该伸则伸，如果硬是逞强向前冲，这人就笨拙。

有时装傻也精明。

偶尔傻笑一次，并非愚人所为，也并非不是好事。

明令是禁区，傻瓜才进去。

人迷惑机缘失去，醒悟后悔之当初。

谁怕流泪而不敢哭，谁就是世间最笨的傻瓜。

权力不可迷信，有权力不一定有道理。当官的跟普通人一样，有时也会说不靠"谱"的话、做

有违常规的傻事。

人到了仇恨极致时，执意想报仇，别的不去想，人太傻。

拿冲动当勇为，实属愚蠢。

愚昧遇科普，头脑变清楚。

人最糟糕和昏头的是，几乎被人忽悠一辈子，到晚年才明白过来，一生付出的代价太昂贵。

交 际 篇

交　往

记住：话稠俗套，交往人烦。

开玩笑也要讲分寸，要以不损他人的自尊为底线。否则，就失去了开玩笑的本义。

要记住，有的话暖人心、有的话惹人恨，这就需要掌握讲话技巧。

与朋友相处，有时因不在意而冷落了对方，这样，无形中你在对方心里就留下了阴影。倘此情况多次出现，那么，对方就会和你断交绝情、分道扬镳。

久住无贵客，常来如家人。

多言必失，想好再说。

严肃人难近，热情易近人。

人与人接触多了，彼此间的距离也就拉近了；不接触、不走动，即使有感情，长了也疏远。

话想好再说，不着边际的话，切忌去说。

交往广泛好办事，不善交往遇事难。

199

事实上，牵线搭桥很重要，它能帮人省去很多不必要的环节和麻烦。

知人要知底，不能为了一个人，得罪一圈人，这样做不值。

在家说话可随便，出门在外切不许。

忌讳的事不提，碍口的话不说。

常来常往的人，要比沾亲不走还亲近。

嘴上不说并不代表心里没数，看人不能看表面，要看本质。

百闻不如一见，相见不如深谈。

与人交往，尖刻的话少说、暖心的话多讲。

说话讲分寸，失言难挽回。

说话里面有学问。有些事，会说的一讲就通，不会说的一讲就崩。

独居寡闻，交际识广。

被迫的人说出违心的话，不足为奇。

有些场合，不管你有心也好、无心也罢，揭人之短都会伤害人的自尊心，轻者影响双方感情，重者与你断绝交往，甚至势不两立。

说话要经得起推敲，才能让人相信。相反，出言悖理就有损自身形象了。

人正有人缘，结交朋友多。

对人抱有诚挚、信任的态度，人才愿意跟你交朋友，并将心里的话说给你听。

你可知道，如果接触时间稍长，你对他人的印象就有了改变。这样，你们之间的关系就会越处越近、越走越亲。

不听谗言听谏言，不近小人近好人。

似醉非醉的人，说出的话往

往真实。

能使自己等同于对方，你才容易改变对方。

不知别人难、光想充好人。这样的人，还是少打交道为好。

与人交往不能像拄拐杖，用时依靠、不用扔掉，这种人永远不得人气。

人都是有感情的，而获得感情的最好途径是：多联系、多沟通、多交流、多走动。

人不可忽视点头、摇头、眼神、手势等肢体语言，某种情况下，它比嘴说更管用。

心中有愧，无颜对人。

实际上，反驳就是没说服对方的一种回应。

有馈赠而无回赠，这种情况如果多次出现，即使是熟人或朋友，也会觉得你太抠、太吝啬，这样在今后的交往中，人家就会"另眼"待你，时间长了，彼此的

关系就会疏远，甚至断交。

就交往来说，人无热情便冷淡，冷淡难得人欢迎。

沟通也要有平台。没有平台，就难以沟通和互动。

客气反被客人烦，只因客气太过分。

与别人交流，语言要简、意要深，说话啰嗦最烦人。

很熟悉的人之间过于寒暄，总让人有一种说不出来的感觉。

善结人缘利自己。

有些事，话不讲不清、理不说不透。只有讲清说透，才能释疑解惑、心里亮堂。

心相依，何需常厮守；不相见，并非心分离。

邻居和睦走得近，兄弟不和也不亲。

有的人就是这样：官在身自

以为了不起，卸官后才知愧对人。

其实，握手里面有秘密，而且是一种无言的传递。

有些事不是为说而说，而是该说时必须说。

不善言谈的人很少有狂语，不善交往的人难得有朋友。

与人接触，面带笑容，就容易拉近双方距离，使人感到你和蔼可亲，办起事来就比较顺利。

你可知道，怕见陌生人，缘于人自卑。

记住：成也人际、败也人际，交往不慎毁自己。

初交别谈钱，谈钱薄情面。

对人讲话也要看清对象、察言观色，如果目中无人、一味夸夸其谈，其结果只能惹人反感，甚至失去讲话对象。

别忘记，与领导交往也是一门较深的学问，既不能过于密切、你我不分，也不能过分疏远、影响感情。正确的做法是，不卑不亢、正常交往，并记住"不做亏心事，不怕鬼敲门"这句话就行了。

讲话似乎人人都会，但讲得深浅、生动与枯燥自然大不相同，其最终带来的效果也就不言而喻了。

感情可通过培养增进，相识唯常往才能加深。

其实，对人付出也要适当，过多付出往往就会加重心理负担。时间一长，彼此间的心理天平就会失衡，进而影响双方关系。

有时候，沉默也是一种态度，而且是一种无言的内心表白。

请吃也有"说头"。人常说，世上没有无缘无故的爱，也没有无缘无故的恨，更没有无缘无故的请吃招待。

谁做感动他人之事，谁就能说服他人。

每个人都要同具体的个人打交道，个人与个人之间的关系处理不好，人际的和谐就会受到影响。

在社会交往中，如果人们做不到最起码的诚信，人与人之间就会出现尔虞我诈、互不信任的局面。这样的局面，就是不健康或最危险的局面。

平时闲聊，或许能聊出一些想知道而不易知道的新鲜事。

藏而不露、城府很深的人，当防。

不说狂妄之言，不交无义之人。

有的人就是这样：找人办事好话说尽，事情办完如见路人，这种人最让人气愤。

生活中，有的人不乏势利眼：人在人情在，人走茶就凉，这种人还是早防点为好。

在交际场上，场面的话谁都能说，但不一定都会说。假如你不能清楚地了解对方的长处和短处，一不小心，就有可能因你说话"跑偏"而伤害对方的感情和自尊。

要弄清，交往的本质离不开交换。这交换，包含有物质的和精神的两种。

老觉关系好，遇事却跑走，这样的人不可交。

言不及义不如不说，有话就说无话则短。

有时，人有心思就想说，但不能随便说，要看场合。

和小人打交道，不要丢了防备心。

当面批评你、背后帮助你，这种人才是真心对你好的人。

事事都顺着别人的性子、百依百顺、俯首贴耳，久了，自己就成了奴才。

摸清对方底细再相处，以防他与你的仇人情更深。

眼神的传递，比用嘴巴说更隐蔽。

对"软硬不吃"的人最好采取既拉又打、恩威并重的办法交替施行。不然，对付这种人是很难奏效的。

失言丢人脉，诚实结人缘。

在与人交往上，应付人情要适当，过于应付伤脑筋。

实话敢说看场合，不看场合自吃亏。

同福不同难、遇难各东西，这样的人不可交。

交　友

身居林海知鸟音，处到家的朋友最知心。

切记，对升官忘情者，不交。

处朋交友看对象，误上贼船难自拔。

就为官者交友来说，升迁、沉降才见真情。

一般来讲，同利不宜为友，同道可为手足。

交友离不开两个条件：一是以诚赋予，二是平等相待。

能规我之过之人，乃知心之人。

不交不义之人，不做损人之事。

其实，交友是双方共同的需要，并非一方所需。

交友看品行，相处贵真诚。

在逆境中结交的朋友，要比在顺境中结下的朋友真诚的多、要好的多。

诤言益友，谗言害人。

平常你我好，遇事人跑掉，这种人最让人心寒和气愤。

看人看心眼，心好人就好。

同福交友过眼烟云，同难交友永志不忘。

就相处来说，朋友离开你，责任往往在自己。

见人有权就巴结，这种人不可交。

事实上，性别的差异往往是男女交友的一大障碍。消除障碍的最好办法就是，心里纯净，并不抱非分之想。

酒越陈越香，友越交越厚。

交朋友不能老想占别人的便宜，一旦人家没有"油水"可捞，你就和人家断绝关系，这种人要不了多长时间就会成为孤家寡人。

谨交友、慎择友，莫把坏人当朋友。

在交友问题上，非真心不处，非知己不交。

说到底，知己就是能倾诉、可交心、知温暖的人。

以钱交友情淡薄，以诚交友情浓厚。

心直口快、心眼不坏，直来直往不拐弯，同这样的人相处最放心。

交上一个好朋友，就等于给自己生活上找到一个好帮手。

诉说与倾听乃亲密无间、相处无猜的表现。

谁一旦被心术不正的人视为知己，谁立马就会遭其利用办坏事。

对言词漂亮、行为丑陋的人，还是少交为好。

一生相识人很多，真正知心有几人？

浊酒狂歌易结友，一旦翻脸似仇人。

交友难，弃友更要慎重。

交友贵心诚，相处才长久。

疑心是交友的大敌。

交上一个不诚实的朋友，就等于把自己的隐私间接地告诉了你的对立面。

凡事能为对方想，对方就会把你当成知心人。

二心难交友，一心朋友多。

为人心地善，不愁没伙伴。

友　谊

友谊无须利益，为利的友谊就是交易。

友谊是用互信换来的。

有错误严批评、有难处真心帮，这种友谊才真挚、健康。

友谊源于忠诚，没有忠诚也就没有友谊。

真挚的友谊是心灵的甘泉。

志趣相投结友谊，相反难能成益友。

苦难中结下的友谊，远比正常生活中结下的友谊情更深、友谊更牢固。

谁失去了友谊，谁就失去了帮手。

友谊再远也亲，无情再近也疏。

肝胆相照，友谊共存。

友谊不仅真诚，而且是沟通情感的桥梁。

友谊不是客气，而是感情。

友谊之花常开不败的根子就在于：平淡如水的交往，真情实意的相敬。

得友谊比得金钱更珍贵。

友谊少了忠诚，那就长久不了。

从一定意义上说，友谊就是帮手。谁没有友谊，谁就孤独无助。

七彩人生，少了友谊不精彩。

戒心无友谊，友谊不猜疑。

在对待某人某事上，讲友谊，更要讲原则。

友谊不等于爱情，爱情得不到，友谊不能丢。

友谊靠互信，信则友谊存。

同事相处有长短，友谊不可断。

友谊似酒，越久越醇。

朋　友

处新朋也要念故友。

朋友不交流，长了也生疏。

忘掉朋友的人，一般有两种情况：一是官长，二是钱多。

慢待朋友就等于割断关系。

为朋友取得的成绩而高兴，为朋友遇到的困难而分忧，不离不弃、不当甩手，这才是真正的朋友。

骗朋友就是骗自己，信朋友就是信自己。

事能帮在救急处，那就够朋友。

伤害朋友，就等于失掉帮手。

与知心朋友交谈，没有什么秘密可隐瞒。

不长期在一起同甘共苦的人，难成莫逆之交。

生活中，一个人能拥有志同道合、兴趣相同的朋友，既能给你的事业带来无私的帮助和支持，更能为自己的精神带来无比幸福和快乐。

无论干什么事情，有无朋友的帮忙大不一样，尤其那些孤身在外的人更有体会。常言道，在家靠父母，出门靠朋友。有了朋友的帮忙，既能使你的事业发展更快，也能使你的生活过得愉快。

要获得挚友，没有宽阔无私的胸怀不行。

珍宝易得，知己难求。

我时常有这么一种感觉，得知己如大漠得甘泉，总会汨汨不断地流淌在我的心间。

能与知心朋友在一起，人就放得开、无拘束、有话敢说。

在为人处世上，能常给你提醒的人，才是真朋友。

帮朋友尽量别说自己有事"走不开"，倘多次推托"走不开"，那么，你跟朋友的感情就会渐渐疏远和真的"走开"。

为朋友"隐私"，是朋友对你的信任，也是一种责任。

为朋友赴汤蹈火在所不辞，那才叫"铁杆"朋友。

知心朋友，只取其长，不计其短。

朋友的话听来顺耳，仇人的话一听就烦。

别忘了，和朋友闹别扭，第三者对一方有成见就会出来挑拨。

友 情

交情到老最醇香。

谁能抓住对方的心，谁就能"稳住"这个人。

人讲情面是应该的，但讲情面要在不违犯公众利益的前提下才行。否则，就不是情面问题，而是私下交易。

亲热莫过于挚友多年不见而巧遇。

暗暗地欣赏他人，也是一种幸福。

穷，往往也能断送真情。

互相公开自己的心扉，不掖不藏、真诚坦露，双方才能情意更长。

私交下掩盖犯罪，不是帮忙而是害友。

知心挚友的一句话，往往能使一个冰冷的心得以温暖、使本来想不通的事能够想通，这就是朋友的情分效应。

在患难中结拜的兄弟往往胜过一母同胞。

兄弟情就像没墙的"家"，无论人在哪里亲情不变。

俗话说，酒越喝越"厚"，博越赌越薄。

其实，交情和义气也是一种资本。人一旦有了这种资本，就不愁自己的事业不会成功。

别离情不离，相见人更亲。

贺卡寄深情，人隔两地心相印，你我共祝福。

如果你能接受对方的真诚道歉，那么，你们之间的友情就会越处越深。

离别苦，别后相逢倍觉亲。

黄金虽贵情更贵，宁丢黄金不丢情。

谁不珍惜友情，谁就失去了朋友。

亲情需要付出，同样也需要失掉。"大义灭亲"不就是一个很好的诠释吗？

人生在世，最主要的不是金钱而是亲情。

人心被伤透，是亲也分离。

相思难忍耐，真情最长远。

财富不抵友情重。

友情忌猜疑，猜疑无友情。

能为你分担痛苦和忧愁的人，才够朋友、才真情。

为官不忘卑微友，彰显结交情至深。

情浓人心暖，情淡人心寒。

尊　重

不自重，难得他人尊重。

不怕别人看不起，就怕自己不争气。

百姓的意愿能否得到充分尊重，考量的标准就看百姓是否满意。

被人主宰的人，永远是奴隶。

尊重人的价值，是社会进步的前提和基础。

自卑人前难抬头。

事实上，尊重是相互的，你尊重别人，别人也会尊重你。

你可知道，有钱不一定受人尊重，受人尊重必须用真诚换得。不然，人家是不会尊重你的，只有那些视钱如命的小人，才对有钱人毕恭毕敬。

人自重，简单地说就是时时刻刻检点自己的言行。一个人如果不能自重，经常做出令人失望和可耻的行为，那么，不仅不能得到人家的信任和尊重，反而还会受到人家的歧视和责骂。

父母的批评最令我入心，别人的侮辱最让我难忍。

给教师以尊重，让他们发挥更大作用。

其实，尊重既是一种礼貌，也是对他人人格和价值的一种肯定。

从某种意义上说，不尊重难沟通，沟通的前提是尊重。

有自尊不在于面子，而在于真理。

一个人平时对人尊重不尊重，主要表现在他的言谈举止上。

其实，尊重不只是一个得到或给予的问题，而是在给人以尊重的同时，也会得到他人的尊重。

要记住：对人冷嘲热讽既是一种不尊重、不礼貌的行为，也是一种缺乏个人修养的表现。

从小让孩子养成自尊意识，长大后才能自尊自爱、承受压力、增强自信。

尊重人是有修养的表现，也是我们应该具备的良好品质。一个不善尊重别人的人，别人也不会尊重你，时间一长，人家就会抛弃你。

不尊重别人的感受，就是不理解、不尊重他人的表现。

尊重对方既是一种有礼的表示，也是一种美德的显现。

尊重人既是一种修养，也彰显一个人的品行。

能赢得别人的尊重和信任，要比能赢得他人欣赏和喜欢更重要。

要知道，尊重和理解不是一个选择，而是处理人际关系的一个有效方法。

其实，尊重领导并不是点头哈腰、拍马逢迎，而是对其工作上的支持、人品上的尊重。

相　信

谁想叫别人相信自己，谁就得先做个言之有据、言而有信的人才行。

只要双方互信不疑，第三者"插足"岂能让其互相猜疑?

能互为倾诉者，互信。

信人也信己，为人贵诚意。

你能让员工相信你，员工一定为你出力。

拿出你的诚意，别人才会信你。

相信自己有能力，成功才好与你结缘；连自己的能力都怀疑，成功怎会接近你!

一个人连自己都不信，还能相信他人?

温暖是人与人之间的关怀、呵护和信任。

只有对别人心存好感的人，才能信别人。

走出怀疑，才能相信。

信人不可不察。盲目相信一个人，往往让你吃亏上当没商量。

信而不疑，疑而不信。不疑，才能相信。

你不把别人当外人，别人也不会把你当外人。

谁能经得起他人的多次严格考验，谁就能赢得他人的完全信任与支持。

一个人，要想取得上司的信任，光靠自己的才能和热情不行，还要靠忠诚加顺从他的个性。不然，则不成。

不疑才信任，信任才能使人不受拘束放手干。

受骗才知被利用，只缘当初太信人。

被人相信既是一种欣慰，也是一种幸福。

人有本事且有德，百姓对其最相信。

弃之失诺的，信你可信的。

信任不是一成不变的，今天的信任不等于明天的信任，问题的关键就在于，一方在另一方心目中所占的位置和分量。

轻信别人害自己，咎因疏察而应得。

相信自己，就能战胜一切。

礼　貌

出口惹人笑，有礼人不烦。

对无礼的人不要客气，对客气的人不要无礼。

别忘了，亲戚分远近，辈分讲晚长。

凡有才华而又礼仪周全、言行一致的人，最能赢得他人敬重。

说话的口气，对接访人来说，其重要性就不言而喻了。

座次要分层次、分长幼、分大小，这既是一种礼节，更是一种尊重。

礼貌易做到，也易忽略。

"请"字最易说，但有的人就是很吝啬。要知道，一声看似不起眼的"请"字，即可拉近人与人之间的感情距离、消除陌生，又能使人感到一个人的真诚、可亲、懂礼貌，更重要的还能对自己的个人形象、气质、风度是一个很好的推介和展示。

小孩子对人不礼貌，情有可原；成年人对人不礼貌，缺乏教养。

不知礼的人既没人缘，也让人家看不起。

事实上，骂人不带"脏"字，是最文明的一种发泄。

礼貌待人人敬佩，无礼对人人气愤。

礼貌既是对人的一种友好方式，又会起到一种感化的作用。

待人接物，最重要的不是请吃，而是礼貌。

礼貌办事顺，无礼事难成。

入乡随俗是一个人懂规矩、讲礼貌的一种表现。

给人道歉并不说明你人格上受到了耻辱，而是真诚、有教养的表现。

切不要打断别人的话头抢着说，因为，这样做不礼貌。

岂不知，待答不理，既是对人的一种不礼貌，也是对人自尊心的一种伤害。

有礼待你你无礼，别人定会责骂你。

两好搁一好，你敬他一尺，他敬你一丈。

无论如何，一个人都要严守自己的操行，切不可粗暴无礼。

不学礼，无以立。讲礼仪既是律己敬人的一种表现，也是个人素质、教养和社会公德的一种体现。

言谈知脾性，举止知礼节。

通情达理的人，有礼；蛮不讲理的人，难缠。

文明是一种心灵修养和外在实践。只有从内心规守、从自身做起、从眼下做起，文明才能真正成为每个人的自觉行动。

拘礼，人不熟。

礼，说到底就是人与人相互往来的一种心意表达。其意义在于人事和美、家庭和睦、社会和谐、天下和平；作用就是让人常走动、多交流，加深亲情。

礼仪小节不能丢，丢了小节损名声。

知礼者，懂情；无礼者，蛮横。

礼貌彰显教养。有礼人敬重，无礼遭人嫌。

人不知礼义廉耻，何以为人？

不论官职多大，见人知礼就不挨骂。

对一个高官来说，以礼待百姓不会失掉自尊，反而受人尊敬。

谈吐不凡人敬重，满口粗话被人轻。

礼貌往往体现在不经意间的细微之处。

微　笑

泪存眼眶还微笑，说明人已渐成熟。

情人的笑最甜蜜。

微笑是友谊的传递，往往能给人以甜蜜的好感。

内心的笑比让人逗笑更真实、更甜蜜。

无笑声的生活是可怕的。

笑是最自然、最轻松、最没副作用的健身良药。

其实，人最容易被感动，而感动一个人未必需要物质或金钱的支助，有时一句鼓励的话、一个甜蜜的笑，就足以在其心目中留下激动和美好。

其实，笑就是一种抗压、克难的力量。

微笑是与人交往的名片，是人缘提升的外在显露，也是对人礼貌的一种表现。

一笑百愁消，一哭心头痛。

自然的笑，才是真挚、温馨的笑。

一个人不仅要知道在快乐时微笑，而且要学会在面对困难或痛苦时微笑。只有这样，你才能在困难面前精神不倒、在痛苦袭来时更坚强。

微笑不用花钱，却能赢得好感。

微笑亲切而温馨，似名片、胜语言，它比名片、语言更易拉近人与人之间的情感距离。

笑人前落人后，笑到最后才是赢。

微笑是生活的调和剂。当你

悲伤时，微笑可以把欢乐带给你。

奸笑隐去便是杀气。

微笑是健康的首要条件。

没有笑是冷酷可怕的，该笑就笑，笑能长寿。

嘲笑别人，实际上就是嘲弄自己。

对人一笑，自然就会把双方的距离拉近。

处困境而能给人以微笑，实属一种难得的境界。

笑驱压力人增寿，笑口常开度终生。

笑颜是相对冷面而言的。人的冷面达到一定低谷时，就会出现笑脸。

人无笑脸假人少，面带笑容人近之。

幽　默

以幽默、清淡、委婉的口气，说出人爱听的话，并能让人觉得很舒服，这就需要一个人的讲话艺术了。

最让人悦心的莫过于高雅情趣。

天真的可爱也讨人喜爱。

人有童心最快乐。

天真没有妒忌心。

逗趣最风趣，乐观度人生。

风趣幽默的人得病几率较小，相反，心性脾气不好的人最易染病上身。

趣话能逗人发笑，但笑并不都是趣话。

心烦遇逗趣，不由自开心。

生活中少不了情趣，而情趣需要在生活中寻找。没有生活，就没有情趣。

给人以乐趣，同样能获更多的乐趣。

人找到了生活的乐趣，才活得带劲。

幽默风趣的语言，是唤起听众共鸣的润滑剂。

天真无邪、活泼好动，是少年儿童的明显特征。

没有幽趣，就没有乐趣；没有乐趣，就没有生机与活力。

志趣相同，人才好处。志不同、道不合，即使相处，貌合神离。

情趣是一个人特有的，不同的人有不同的情趣和爱好。

217

天真也有迷惑性，过度天真应警醒。

有什么样的情趣，就有什么样的爱好；没有情趣，也就没有爱好。

有志趣，追求才执着。

幽默在相互交往中少不了添趣，并且能使这种交往更频繁。

幽默风趣让人心悦，且能拉近双方距离、加深感情。

玩笑可开不宜过，过则伤情。

交往中少了诙谐幽默，人就会沉默、无生气。

诙谐幽默引发出来的笑，不仅能使人开心，而且更能让人有所悟。

其实，幽默也是一种悟性的彰显。

幽默风趣既是智慧的迸发、善良的表达、交往的需要，更是一种胸怀和境界。

平　等

法律面前人人平等，执行法律没有例外。

有平等，才有合作；人不平等，很难合作。

人与人是平等的，不要老是以我为中心，要设身处地为他人想一想，有些事该不该做，心里自然就有数了。

事实上，平等永远是相对的概念，追求绝对平等既不现实，也不可能。

权利和义务是对等的，不对等就是不公平。

任何法律上的特权都是不平等、不公平的。

待人平等有人帮，傲视别人无人偎。

朋友相交，身价般高。

平等不平等，相处就知道。

处人不平等，永远没朋友。

与领导平等交往太难，除非他能屈就其身而不摆架子才行。

能自觉把别人与自己放在同一水平上，交往就不会有"高人一等"的思想和举动。

在待人接物方面，应不分亲疏、不分贵贱、高矮一样对待。

交往离不开平等，离开平等难交往。

平等是相处的前提和基础。人不平等难相处，即使相处难久长。

平等是与人交往的介绍信。

弟兄义虽重，相处要平等。

平等不相争，和睦人长久。

平等是考量交友的尺度。没有平等，也就没有朋友。

透过平等看友情，不平相处情断绝。

其实，平衡也是一种技术或艺术。

人不平等难交友，交友必须人平等。

理　解

例子比道理更直白、更容易让人理解和接受。

理解先从了解开始。

219

不接触、难交流，交流先从接触开始。

没有沟通难理解，理解是在沟通的基础上实现的。

理解无纷争，知情才谅解。不理解，就不会快乐和幸福。

发生误会经常有，及时沟通为上策。

人心都是在相处中了解。

一个人的善意不被别人理解，那是最难受的。

别忘了，生活也要理解。

形象地说，理解就是把"淤塞的渠道"疏通了。

没有沟通，便没有理解。沟通和理解是化解矛盾、促进和谐、增进团结的一剂良药。

沟通就是身份的对等、姿态的相近、语言的平和、态度的友善，而非戒心和防备。

只要你善解人意，就不怕没人偎你。

为人处事，只求理解，不求回报。

积怨化无怨，少了理解、包容绝不成。

纷争缘起不理解，理解矛盾自然消。

谁把玩笑话当真，谁就误解了对方。

不理解他人，就很难宽容他人。

理解也是一种尊重。只有理解别人，才能尊重别人。

不理解最伤感情。理解是融洽关系的黏合剂。

某些事，起初想不通是正常的。一旦内情袒露后，不想自通。

从某种意义上说，理解乃换位思考的结晶。

心心相通的人，在对待某一问题上，总有一种不谋而合的想法和意见。

偏　见

偏见是只见一面而不见另一面。

偏见人人有，自主纠偏最聪明。

事实上，人没主心骨，才会偏听偏信。

凡不能全面正确看待人和事的人，准存偏见。

固执己见，才不听他人意见。

倾向人人都有，只是或多或少而已；没有一点倾向的人，少有。

通常，人不能和睦相处多因钱出了问题，但也不全是。有时，人的思想观点不一致，也容易产生矛盾和分歧。因此，具体情况要作具体分析，切不可以偏概全，只见树木不见森林。

人不能因噎食就不吃饭。

偏见，说白了就是把真实的东西给想歪了。

办案有偏见，结论就错判。

偏见多由偏心所致。人存偏心，必生偏见。

别忘了，克服偏见只有靠事实来改变。

纠偏也需要一种勇气。

心偏看啥啥都歪，心放正了眼不"斜"。

偏见如同列车出轨，小视不得。

偏见的结果是悔恨。

心存偏见的人，没有一个不把事情办"砸"的。

偏听偏信是制造分裂的致命杀手。

偏见，最易让人办错事。

世上所有物质的存在都有用处，要说没用，那是你的偏见和无知。

偏见造就冤案。

先入为主偏见生，厘清真假拿主见。

人有偏见瞎判断，事有结局定跑偏。

形象地说，偏见就是思想上的"斜视"。

事实上，先入为主往往是酿成偏见的主要根源。

事看走眼易出错，遇事当应细琢磨。

个人偏见应摒弃，纳人建议利自己。

情 爱 篇

情 感

其实，哭也是疗治内心憋闷的一剂良药。

拴住人不难，留住人心不易。

不念旧仇人气盛，心存旧恶伤心情。

一个人在意另一个人，虽然自己受到了委屈，但心里还是倾注这个人。

心情变，一切都变。

动心者，动人；心不动者，难动人。

有些事，自己感动不了自己，何以感动他人？

失恋是痛苦的，摆脱的办法就是自寻快乐。

人只有在心情舒畅的情景下，才能演奏出如痴如醉的美妙弦音。

"三曲"协奏人幸福：友情曲、爱情曲、亲情曲。

人懂喜怒哀乐而动物不懂。

所以，人与动物的区别就在于人有情感。

人有丰富的情感是好的，但不能太过，过则有害。

一个人若能不欺自心、不欺他人，才能保持内心安宁、心情愉悦。

心情好，看什么东西都觉得顺畅。

放弃对别人的仇视，实际上就是对自己的松绑。

越干预人家的行为，越让人心里反感。

谁能恰当地把握自己的情感，并把喜怒哀乐埋在心底，谁就能在人们心目中留下沉稳、老练的印象。

情感的朴素与真诚，是音乐具有感染力的根本所在。

凡懂存情留意之人，平时最讲究感情投资、善解人意，当他一旦遇到困难或麻烦时，立马就会有人出来帮忙和解围。

情感一旦退下，无情就会跟来。

钱财损失了，可以赚回；亲情受伤了，就难愈合。

人若没情，就等于血管里没血。

情感的交流是相互、平等和真诚的，绝不因人的官位、身价和世事的变化而改变。

你可知道，感人心者，莫先乎情。真诚之情最能打动人、感染人。

心情决定看法。好的心情看啥都好，坏的心情看啥都坏。

人没情感，人生的太阳就会黯然无光。

别忘了，酒后吐真言，也吐狂言。

谁处理不好感情问题，谁就容易染病上身。

我重亲情，更重法理。

一个人被情感所支配，那是非常可怕的。

嘴上不说、眼神递过，同样能达到内心想说的效果。

一厢情愿好烦闷，走出情感才解脱。

不妥善处理情感紊乱，则直接影响身体健康。

谁误用、滥用情感，谁就会自找麻烦。

谁被情感控制，谁就不能自主。

内心空虚比什么都难受。

有时，付出的感情越多，往往得到的越少。

向内毒的人倾诉情感，就等于自愿受其迫害。

意见不合是感情破裂的开始。没有情和义，人活没意义。

一会儿高兴，一会儿生气，人称"阴阳脸"。倘若一般人犯有这种"毛病"倒也大碍不了什么，可一个单位的头头如果犯了这种"阴阳病"，那他的下属就深感难以捉摸了。时间一长，这种上下级关系就会出现裂痕、产生矛盾，以至影响工作开展。因此，改掉"阴阳脸"，作为领导特别是主要领导就显得极为重要和必须。

观一样的景色，但得出的感受不一样。

播下真情，收获感动。

不同的态度，能产生不同的结果。

情　绪

冲动是成事的致命弱点。

冲动一上来，理智也无奈。

"话撵话"能将心里不愿说出的话"撵"出来。

不正常的情绪，必然带来不理智的举动。

事端大小，往往由心态决定。

人若不能自控，遇事就会冲动，冲动的结果就会把事情办糟。

有时，情绪就像一头猛狮，"怒"起来很难控制。

人遇到不平、不快的事情，发点牢骚是常有的，也是不可避免的。因此，要采取缓和与疏导的办法，力求从积极、健康的方面消除牢骚情绪。

人要控制住自己的冲动情绪并不容易，但无论如何都要牢牢控制住它。不然，哪怕一点点疏忽和放纵，都会酿成灾祸，甚至大祸。

谁能控制住自己的情绪，谁就不易被别人战胜。

凡事不能有情绪化，因为情绪会让人觉得你喜怒无常，显得你不够成熟和稳重，同时还会让你失去判断力，冲动之下说出错话、作出错误的决定，给工作和事业带来损失，甚至严重损失。

发一次火，伤一次肝；抑制发火，有利健康。

情绪冲动时，往往不顾后果而把真情说出来。

情绪低落烦心事，自主调适寻快乐。

怒不可发，即使到了忍无可忍的地步，也要寻求适当的方法发泄。不然，对身心健康大为不利。

你可知道，回避、转移是防止消极情绪进一步恶化的有效办法。

其实，冲动往往是以"激将"开始，并以懊悔告终。

人不冷静易发火，火气大了伤身体。

事实上，克制和让步是缓解

或避免矛盾升级的最佳选择。相反，则会激化矛盾、相互攻击，甚至大打出手、闹得无法收拾。

能否理顺百姓情绪，是和谐社会对政府官员执政能力的一种考验。

在事情处理上，冲动的人最易出错，也最易后悔。

事成于忍而败于急。

情绪的控制在于认知。有些事，我们虽不能改变它的发生，但能改变自己对事件的看法和态度。只要我们对认知的对象有了深透的认识和了解，那么，情绪的改变和控制也就不难理解了。

有时，忍一时冲动，得一世平安。

事端乍起，要"忍"不要"激"。只有"忍"，才能缓和争执、平息事端，使矛盾纠纷得以化解。

一个能控制住自己的情绪而临危不乱的人，其内心是非常强大的，也是他人无法战胜的。

情绪失控是好事变坏事的罪魁祸首。

理　智

人之所以为人，关键就在于人能够以理智来约束自己。

干任何事情都要量力而行，有些事情虽是好事，但条件和时机不成熟，就不要急着办，否则就会出问题，甚至出大问题。

遇棘手或突发事情，要沉着、冷静，不要慌张、莽撞。不然，就会把事情搞得非常糟糕，甚至无法收拾。

理智是压抑情感的，这种压抑既是应当，更是必须。

从某种情况说，谁能把握住理智，谁做事才能成功。

人生心语

人可以承受很多外界压力，但往往禁不住自己的内心压力而陷入绝望。

当愤怒将要爆发时就能控制，这人最理智。

理智的最大特征就是沉着与冷静。

有时，一个人的憋劲很大，无论怎么劝都听不进去，无奈只好"凉"他一把。这样时间不长，他就会无趣地将憋劲消除。

冲动只有用理智来"拿捏"，别的难制服。

理性看时势，人就不偏激。

理智记心上，做事不莽撞。

人不可能每分每秒都清醒，偶尔犯点糊涂，当属意料之中。

糊涂看人间，一半清醒、一半醉。

即使闲得无聊，也不跟傻瓜争辩。

在敌强我弱的情况下，避其强攻不失为一种明智的选择。

明智就是不糊涂，不糊涂就能做成事。

矛盾爆发时，谁能把握住情感，谁就能控制住局面。

遇事莽撞是缺乏理智的表现。

战胜不了情感，理智就会败阵。

无论干什么事情，都要多动脑筋，不能感情用事。否则，就会把事情越办越糟。

酒是理智的克星。

维权也要讲理性。要知道，无理取闹甚至施暴，既解决不了问题，又触犯了刑律，这样的教训不可不记。

做事不冷静，后悔怪何人。

热 情

热情是做事的动力，是激励、感染和鼓舞他人的力量。

没有激情，写出的东西也生硬。

热情使愤怒退却，甚至消除。

激情是一种希望，而过激则成失望。

热情到了无以复加的地步，就会使人厌烦。

热忱只不过是对某人或某事十分钟爱而已。

激情就是过于紧张和兴奋的一种情绪反应。

有能力不能没热情，没热情光有能力也不行。

激动能让人手忙脚乱，更能让人落下泪花。

激情是笑的最好展示。没有激情，笑不高亢。

热情是动力的驱使。

激情最具活力，但要学会驾驭。

热情是做事的前提，人没热情，做事难成。

热情的力量是巨大的。这种热情不是来自空间的力量，而是自信、热忱、乐观、激情在人的内心燃烧，并有机结合迸发出来的。人一旦有了这种热情，无论遇到什么困难，都能以积极向上的心态去面对、去行动，绝不后退。

热情既能赢得人心，受人欢迎，也能使自己的人生随之丰富多彩。

没有热情，便没有事业。

效率高低取决于情绪高低。没有高涨的情绪，就没有高效的工作。

热情是来自内心向上的一种追求。追求越强烈，热情越高涨。

激情出干劲，实干出业绩。

激情随人的年龄增长而降温。

从某种意义上说，没有热情，就没有事业上的成功。

人不冷漠，社会就温暖。

战胜理智的热情是疯狂。

缺少热情别干事，即使干事也应付。

一个能力不足但热情很高的人，往往能胜过能力较强但热情欠缺的人。

人拥有热情，便有生活情趣；人无热情，生活乏味。

对某些事来讲，"遣将"不如"激将"、命令不如激励。

同　情

生活中有的人可怜更可恨，这样的人不宜被同情和怜悯。

知人之痛苦，易生怜悯心。

心生同情善助人，缺失同情旁落人。

伸出同情的手，温暖对方的心。

恶人不可同情，怜蛇就会伤己。

同情引发共鸣，共鸣是在同情的基础上产生。

凡能引起人们的内心酸痛，才能产生同情。

悲怜可使人同情，但不能被

假象迷惑。

人在悲痛的时候，往往会同情；人在高兴的时候，往往没有这种感觉。

真实的凄惨最让人同情。

面对别人遭难，如果自己无动于衷、不闻不问、没有一点同情之心，那么，当这种灾难落到自己头上，你也就没有理由去诉斥他人的冷漠无情了。

穷人的同情心要比富人浓。

人与兽的最大区别就是有情与无情。

见弱者能伸出你的援手就是同情。

对别人的困境能帮就帮、尽力就行，千万不能落井下石。

同情是人性之美，也是大爱之需。

给受冻的人生火添柴，绝不做釜底抽薪之事。

关心受苦受难的人，其实就是关心弱者的生存。

同情也不要滥用，看准了再给。

扮相可怜而伸手要同情的人绝不施舍，真正困苦而不肯伸手的人更需要同情和帮助。

同情别忘看情况，过于同情往往对人是一种伤害。

同情怜悯本是人性中善良的情愫，如果不顾对方的自尊而怜悯施舍，实际上就是对人的一种讽刺和伤害。

真正的同情是在逆境时而不在顺境中。

对一意孤行、劝说至死不听者，一旦祸及上身，既不可同情，也不可宽恕。

挚 爱

有爱天涯不觉远，无爱咫尺难逾越。

事实上，爱与任何附加条件无关。

溺宠的孩子易学坏。

过度溺爱便为害。

痴情的人，不撞南墙头不回。

痴情，仇可解。

爱没对错。

常让对方开心，说明你喜欢这人。

有缘无分别积怨，毕竟相识相爱过。

无欲之爱为大爱。

爱不衰老。

能爱人，才能容人。

只钟爱一样东西，那就不爱其他东西。

人没喜爱就没朝气。

爱是从教者的天职，没有爱就不配当教师。

人不自爱，难爱他人。

心惦他人，才能施爱于他人。

关心他人健康，比送给人金子还贵重。

割不断的情，挡不住的爱。

爱忌过分，宠忌过头。

不珍惜的东西会永远失去，真爱的东西会永远保留。

投一份爱，暖一份心，得一

份褒奖。

再深的爱抵不上母爱。

有些事，儿女做的再错，父母也不记仇和抛弃。

父母打孩子，气在头上，疼在心里。

母亲的呼唤是最亲、最甜的声音。

父母的爱，乃所有的爱无法替代。

对父母来讲，从小不让孩子吃点苦、受点罪，不是爱孩子而是害孩子。

善待落榜生，做到少指责多关爱。

其实，爱与被爱都是幸福的。

爱越纯洁、越含蓄，越有韵味。

爹娘爱儿女，疼在心里头。

深爱能将恨灭掉。

爱使人生更光辉、世界更美好。

关爱之中给点痛，痛能使人长记性。

父爱无言则宽厚，母爱体贴在细微。

爱很简单，但需要时间考验。

爱最圣洁和伟大。人因爱而使人性提升，并能以超脱尘世的眼光看一切。

要想爱别人，首先爱自己。自己不爱自己，怎么去爱别人？

能征服人心的并不是武器，而是一颗赤诚的爱心。

爱是生命中的助长剂，只要你愿喷洒，生命之树就会茂盛生长。

都说爱的背后是恨，可冷漠比恨还甚。

记住：在与人交往时请将你的心窗打开，让爱释放。爱人者才能被人爱。

如果爱心能在每个人的心里传递，那么，我们这个社会就更温暖、生活就更美好。

不爱自己的职业，必然就懈怠自己的职业，更谈不上干好自己的职业。

爱无形、情于心，心爱才能情入心。

只要生命有爱，人就不会绝望，生活就会充满和谐、幸福和快乐。

纯真的爱只有靠岁月作证，时间越久，爱慕越深。

什么爱都能淡化，唯有母爱始终如一。

再丑的母亲子不嫌，再赖的孩子妈心疼。

谁都可以把我们遗弃和忘掉，唯独父母不能。因为，我们是父母的心头肉，谁也无法割离。

人是社会的人，一切都有赖于他人互助互爱。讲仁慈、讲友爱，能使人生变得充实而富有意义。

爱，这东西既美好又可恨。爱时，亲密无间，无话不谈；不爱时，如见仇人，听声也烦。

感激不是爱，爱在情感中。

子女教育多付爱，爱的缺失爱去补。

爱的力量无穷大，它能把再深的仇恨融化。

别叫亲情遮住眼，铸成大错后悔晚。

暗自倾情人自醉，自作多情终自羞。

他爱有间隙，母爱最缜密。

夸耀子女是父母的天性。

孩子在父母眼里比自己的生

命还重要。

心里有爱，才有人间大爱。

从医仁爱最重要，没有仁爱别从医。

该爱的就爱、该恨的就恨，这就是生活。

经历过爱的人，才知道爱的滋味。

爱挂嘴上不能说不好，但爱能从内心表达才是真爱。

一个人只要心中有大爱，往往就能超越自我、牺牲小我，勇于为他人、为社会奉献一切，甚至生命。

关爱不在于你说出来，而重要的是在于你做出来。

忧　愁

拿人无奈愁煞人，不如不管倒顺心。

遇事生气难避免，快速消气别忘掉。

柴草潮湿点不着，人心受伤难愈合。

人的心事重，往往受到的伤害更重。

痛到极度，精神恍惚。

东西多了不稀罕，想要没有又叹息。

笑谈中说出你的不满，最容易让人倾听。

有些事把人逼得太紧，自己也感到无奈，甚至后悔。

忧思衰老快，愁多病就多。

悲伤哭出声，释放人轻松。

不弃忧愁人郁闷，自寻快乐益身体。

忘不了仇恨难快乐。

其实，过分忧虑既是人性中的一种最消极、最无益处的缺陷之一，也是对人精神和身体上的一种浪费与摧残。

人常有困惑，但不能没快乐。

凡事能想开，忧愁不扰怀。

必须让有些人明白：无论你沉沦于过去，还是忧虑于未来，其结果都是一样的，那就是徒劳无益、有害身体。

人常说，心病治好了，身体的病痛也就减轻了。

恨由怨生，爱可消恨。

怨天恨地皆因自己无能而造成。

心怀喜悦，忧愁退却。

能不为失去而悲伤，既是人

的聪明选择，也是人的一种肚量。

人在悲痛的时候，不要去惊扰，让他自己慢慢缓来，这样就能很好地减轻人的悲痛心情。

人长期忧愁，会使容颜变皱、人变老。

一个人的最大悲戚是，心里的话无处向人诉说。

忧伤的叠加更痛苦。

不要对伤心人提其伤心事，以免给人带来再次伤心。

有些事，知道得多，担心得多；宁愿不知道，也不去担心。

给人以关怀而不觉温暖，反倒以冷面相对，甚至加害对方，这人不知好歹且令人憎恨。

人到了麻木或不知羞耻的地步，再好言相劝也无济于事，即使用武力也不凑效，这是非常可悲的。

人在高兴的时候，别忘了躲

在你身后的不幸。

世上有些东西，不是因你存在就存在，也不是因你不存在就消失，是什么就是什么，何必去操心？

事实上，消极的社会情绪往往生成于社会问题，只有及时解疑释惑、回应社会关切、让公众明白实情，才是治本之策。

多年失败、一次成功不后悔。

生活中，我们失去的东西很多，有的东西根本无法挽回。如果一个人老是整天愁眉苦脸、总想着失去的东西太可惜，那么，你永远得不到快乐，而且受伤害的还是你自己。

后悔都是事先没有想到造成的。

孤 独

再丑的人也结伙伴，再俊的人也会孤单。

孤独不孤行，交往贵主动。

独处能自娱，人就不孤独。

精神孤独远比独居更难忍。

谁与周围的人搭讪不理，谁就会感到自我孤立。

独处见耐性。

独身虽自由，但人颇孤独。

寂寞往往能使人生出灵感，写出绝句和华章。

做不完的趣事不寂寞。

自寻乐趣不孤独。

人的思想和情感如果没有沟通、交流的环境，那么就孤独。

凡事能为别人想，人就不孤独。

能战胜孤独生活的人，不能说不是强人。

在人孤独无助的时候，有人支持就感欣慰。

雁离群凄惨，人离群孤单。

人处孤独情况各异、境遇不同，但其结果大致一样，那就是：人受孤独似囚禁，伤感伴随孤独生。

孤独如同陪你一起静坐的人，虽不爱讲话、也帮不了你什么忙，但它能考验你的耐性和抗困境的能力。

孤独是人生中的一种考验、一种境界，值得细细品味。

别忘了，智者看孤独又是一种境界。

看什么都冷漠的人，其内心一定是悲凉、孤独的。

要知道，内心孤独要比身处孤境更恐慌。

生活中不愿或不准备付出的人，最终所能得到的将是痛苦和孤独。

谁能给心灵留下一片宁静，谁就要学会享受孤独，并从孤独中寻觅快乐。

孤独只有沉浸在美好的回忆中才显不孤。

独处，乃自我反省的最好机会。

沉思在于静，但人不孤独。

身处孤境能自娱，乃豁达乐观之人。

人离众孤单，孤单无援最凄怜。

极度孤独最痛苦、最恐怖。

对夫妻来说，无论一方外出，还是一方在家，时间一长都会有种孤独和寂寞，尤其是当自己遇到困难无法克服时，即使有亲朋好友出来帮忙，但也无法得到有爱人相助时的那种心理感受，因

而其内心就会产生一种孤独无援的感觉。

独处更要头脑清，勿被浊风迷眼睛。

处境孤独最难熬。

恐 惧

伪装的"好人"比明摆着的坏人更可怕。

人无求就无畏，有求就后退。

军人不怕战争，战争是军人履职的战场。

常恐不安，方能防患于未然。

人有所求怕出手，人无所求无后忧。

在危险面前，首先要克服畏惧心理。

事实上，空虚比啥都恐惧。

虚伪被披上真诚的外衣，要比狼披羊皮更可怕。

有才华用到邪门上，那是非常危险的，也是十分可怕的。

常住山坡坡不陡，常遇危险险不惧。

其实，恐慌也是一种灾难。

胆怯，阻碍人的成功。信不信，这是不争的事实。

人遇突发事件，无论是好是坏都得接受，想逃避是逃避不了的。所谓接受，就是接受事实、承认事实，并勇于面对。事实上，接受就是一种应对、一种胆识和境界。

人有私心就惧官，心底无私官不怕。

其实，最可怕、最痛苦的不是亲人的死去，而是活生生的亲人站在你面前问你你是谁?

恐惧是自我恫吓的一种摧残与折磨，它能打破人的希望、消退人的志气，导致人的心力"衰竭"，从而使人无心去做任何事情。

人活着不怕别人骂什么，就怕自己骂自己。

不知你察觉没有：警车一响，犯事的人心里发慌，害怕得很。这就是心理学说的条件反射。

恐惧比遇险更可怕。

其实，人作伪证往往都是顾忌、害怕、侥幸或被他人挟持、收买而造成。

不曾恐惧过的人，不知道恐惧是什么样的心理反应。

心理上的畏惧，比什么都可怕。

岂不知，看不见的才是最可怕的。

一个能不怕磨难、坦然面对失败而毫不气馁，并善于总结、吸取教训的人，必定是个心智成熟、意志坚定、永不服输之人。

勇者无惧，智者无敌。

事实上，怕是一个人心理上的脆弱，无人能替代。

你可知道，心悸往往能从人的外部表情上显示出来。

家　庭

最温暖的是家，家是避难所、家是安乐窝。人没家，就孤苦伶仃没着落。

家庭贵和睦，不和家庭散。

母亲的怀抱是孩童的暖床和

氧吧。

家是自由自在的地方。

家对人的影响很大，有时可左右人的事业和前程。

人没家是不幸的，有家才是幸福的。

再好不如家好，再亲不如娘亲。

一个人获取的成绩再多，最终都要向家人报告。

家庭是社会的细胞，家和，社会稳；家庭不和，社会难稳。

在外不便诉说的委屈，到家里可以放开去说。

就年轻人来讲，爱一个人不能光图相貌、不问心眼。要知道，心眼好成家之后才和顺、生活过得才幸福。

没有书的家庭，是精神营养不良的家庭。

家贫和睦也幸福。

婚姻的失败，是所有失败中最惨的一种。

好妻疼丈夫，好男爱妻子。

没有比全家人围桌吃饭再高兴不过的事了。

骄宠孩子变坏，严管子女成才。

夫妻互不占上风、平等相让不相争，这是处理家庭矛盾纠纷的最好选择。

能落脚而又温暖的地方就是家。

千好万好妈最好，有妈的孩子最幸福，没妈的孩子最孤怜。

让人最眷恋的莫过于家庭幸福、和和美美。

生儿育女既要生活给养，更要加强教养。

在家不觉父母疼，出外才知

家里暖。

一旦恋爱成婚，彼此之间就要互相尊重、互相谦让，尤其是在婚前尚未发现的缺点尔后知道了，也要给予谅解。唯有如此，和睦快乐的家庭才能构建。

爱　情

爱情无黄昏，人老爱更深。

相敬如宾、相互谦让，乃是夫妻相守的黏合剂。

爱情一经强势与捆绑掣肘，就会变得痛苦不堪。

记住：没有任何东西是完美的，爱情也不例外，也有遗憾和缺陷。

爱情可超越人的年龄、种族和国界。

爱情需要浪漫。没有浪漫，也就没有爱情。但浪漫必须建立在扎实、稳固的现实基础上，否则就不牢靠、就成泡影，爱的结果，不是相依而是分手。

记住：当你在寻找爱情的时候，一定要找一个既爱你又被你深爱的人。尽管这样的爱情难找，但你必须对真爱抱有坚定执着的信念、不能凑合。不然，对不适合你的爱情不仅不会给你带来幸福、快乐，反而还会给你的心灵带来痛苦和伤害。

想爱爱不了、不爱舍不掉，的确是一件最头痛、最闹心的事。

有缘不请自来，无缘强求白搭。

爱情不专一，祸端因此起。

放弃爱他（她）而不爱你的人，你才能得以轻松、安宁和自由。

抛弃以"我"为中心的思想，爱情的婚姻就会持久、常青。

爱情需要精心呵护和营造，一味享受爱情的甜蜜，而不知给其"施肥浇水"，那么，爱情之花早晚就会枯萎、死去。

其实，爱情的浪漫不是粗俗、肤浅的，而是切实温馨与美好，并一心一意为对方着想的相互关爱和体贴。

事实上，爱情较友情更炽热、更专一、更融入、更心之相印。

自卑是求爱的一大障碍。

对真心相爱的人来说，既能爱你的人，也能爱你的缺点。

真诚的爱情简单化，虚假的爱情复杂化。

一个人深爱另一个人，即使被对方拒绝，但心里还是爱着对方、很难忘掉。

爱来的时候，只要条件允许，该爱就爱，不要等待。

正当两人相爱时，任何人在他（她）们眼里都不屑一顾。

爱情只有经过生死离别或艰难困苦的考验，才是纯真的爱。

爱情既是蜜果，也是苦酒；爱得越深，痛苦也就越深。

开始喜欢、后来厌烦，有这样情感纠葛的人，大多都是初交轻飘、情不专一而造成。

忠诚对爱情来说是自私的，不自私爱情就不忠诚。

没有信任和责任，就没资格谈爱情。

甜也爱情、苦也爱情，同心才是真爱情。

爱情是什么？爱情就是为了一块很不起眼的"石头"而放弃一座玉山的选择。

有缘无分别积怨，毕竟相识相爱过。

恋爱是沃土，结婚是种子，

恩爱是收获。

纯真的爱只有靠岁月作证，时间越久，爱慕越深。

人可老，但爱情不老。

爱情无暮年，相爱到永远。

白头偕老，不能少了宽容、理解和谦让。

对已婚女子来说，被人强暴可谅，与人暧昧可恨。

其实，承诺也要两面观：相爱的时候山盟海誓，不爱的时候像把利刃，刺得你痛不欲生。

情敌比仇敌更毒。

爱与不爱是一个人的权利，但不能胡来。

把爱交给一个不负责任的男人是可怕的。

真爱不一定拥有，拥有一定要真爱。

保持贞洁是女人对心上人的最大忠诚。

对追求爱情的人来说，爱要么不开始，开始了就不要结束。

为情难自拔，要看情况、别做傻。

警觉，情妇总想在男人身上捞点什么。

双方一旦热恋，谁也别想阻拦。不信，准遭没趣。

岂不知，爱过之后变了心，谁也没办法。

伴侣就是男女双方互为倾慕的结果。

劝君莫踩两只船，玩情自焚教训深。

别忘了，多年筑起的夫妻大厦，因一方移情而倾刻坍塌，这样的教训太深刻。

爱情如纸，一旦皱折，就很难抚平如初、不留印痕。

爱不是亲吻，而是心与心的交融。

对不爱的人一味包容，实际上就是对真爱的人一种戏弄。

感动不等于感情，感情绝不因感动而成亲相爱。

婚　姻

恋爱是变数，结婚后才能相对稳定。

就夫妻而言，妻子的一言一行、一举一动对丈夫的影响至关重要。俗话讲"妻贤夫自良"，说的就是这种情况。

对名存实亡的婚姻来讲，与其拖着不散，不如快刀斩乱麻，早散、早解脱。

对那些已结过婚的负心汉或者花心女来说，既要在法律上给予惩戒，更要在道德上予以围剿和谴责。

事实上，不守妇道、寻花问柳者，是破坏夫妻关系的罪魁祸首。

夫妻关系恶化，若是为了孩子或自己的面子而忍辱负重，实属一生中的最大不幸。

其实，婚姻就是爱的结晶。

凡追求金钱或美貌的婚姻，其结果往往都是不幸的。

情不真者成婚配，尤如身边埋地雷。

在婚恋问题上，请不要轻意牵手，要牵手就不应轻意放弃。如果真爱，那就珍惜。

夫妻长相守，贵在爱不够。

很难保证每对夫妻都能白头偕老，但衷心希望夫妻双方应共同过好每一天。

说穿了，婚姻就是互为关爱和给予。

对已婚男女来说，只有互为忠实，才能一爱到底。

在恋爱婚姻上，男人铁了心，女人难拉回。

其实，婚姻就是一种经营。经营好了，就幸福；相反，就痛苦。

感情不深别结婚，即使成婚也不幸。

只要不做"出格"之事，夫妻间的争吵就像炒菜一样，只不过盐多放了一点而已，并无大碍。

最让人闹心的是：喜欢的人不爱、爱的人不喜欢。

爱是稳固夫妻感情的根基。少爱或没爱，夫妻关系就会产生裂痕，甚至离异。

恋爱可自由，婚后则不许。

婚姻不可儿戏，不像买东西可以调换。如果真当儿戏，那是要付出沉重代价的。

夫妻结合绝不仅仅是搬到一起生活，而是要合心合意、终生到底。

同床异梦，乃温柔的杀手。

猜疑的婚姻是短命的，互信才长久。

女人受伤害，男人挺身上，女人最爱这种有骨气的男人。

就夫妻相处来讲，生活平静不正常，有点波折情更长。

事实上，爱就是一种相互妥协和谅解。

移情乃夫妻之大忌。

对未婚男女来说，谈恋爱最忌盲从，要先互为掂量、慎察细究、权衡利弊之后，再作"能否结合"的决定。否则，就会留下遗恨、终身自责。

记住：稳固的婚姻关系靠的

是，沟通、理解、磨合、宽容和呵护。

成家要诚心，同枕要同心，互存异心家必分。

恋爱是结婚的前提，结婚是恋爱的目的。

夫妻不一定牵手，牵手的也不一定是夫妻。

烦　恼

年龄越大，烦恼越多。

记住：再惹怒你的人，出手时都不要"出格"。

遇烦事，气变无气最精明。

其实，遗忘也是最好的解脱。

人惹你气，你不气，乃聪明之人。

满足人开心，不满人心烦。

干任何事情，只要自己愿意，就没有什么后悔的。

反叛，就是对人或对旧事物的厌恶与仇视。

无名火最难让人捉摸。

尴尬莫过于台上滔滔地讲，台下乱起哄。

抱怨只能证明自己失算，不然就是自寻烦恼。

思想被控制在一个框框里，比人失去自由更难受。

再新的东西见多了也腻烦。

警惕：生闷气如同自埋雷，不消除就会伤自身。

有些事，想不通、长自通，顺其自然才轻松。

记住别人的好，不为他人的

过错烦恼。

委屈寻常事，何必找烦恼。

有些事，尽力了就没有什么后悔的。

别让"爱心"生烦恼。

人忙忘烦恼，无事生烦心。

该忘掉而忘不掉的东西，这就是思想负担。

委屈憋心里，长了就得病。

当心，烦恼伤身不觉疼。

凡不对生活抱有不切实际的幻想，人就不会有太多烦恼、痛苦和失望。

忘记烦恼人开心。要知道，事事斤斤计较、患得患失，活得也累。

一个人没必要在为过去的事情而耿耿于怀，也不必要为将来的事情而太伤脑筋，最佳的选择就是把眼下的事情做好就行了。

事实上，吝啬的人没有快乐，只有不安。

生活中，人人都有痛苦或烦恼，常想常忧伤。学会忘却，生活才有阳光，内心才充满快乐和舒畅。

后悔失去的，实属自寻烦恼、无济于事。

人遇不顺之事不可能不烦恼，但一定要学会消除烦恼，不然就会被烦恼缠得晕头昏脑。

有时候，一步不慎往往导致终身悔恨。

事实上，自我安慰也是解除烦恼的一剂良药。

世事哪有都圆满，不如意常有八九。

人遭冷遇事常有，何必生气伤自身?!

遇事能放下，纠结伤自身。

如果你自我感觉欠佳，觉得

自己还没能力处理一些棘手琐事，那么，你就去试着做一个平凡的人，在平凡中寻找快乐，在平凡中学会掌握和处理一些棘手琐事的技巧和方法。

人的痛苦和烦恼，多半是由个人的攀比心态而造成。

一个人的委屈多一点，付出的就会少一点。所以，受了委屈别理它，早晚自有公论时。

人要保持好心情，脾气不好易得病。

遇事不用愁，办法自会有。

爱是幸福的，有时也烦恼。

虚荣生烦恼，真实才快乐。

生活中，人们会经常碰到一些看不惯的烦心事，但只要你心中能找到一个平衡点，那么，这些看不惯的烦心事也就不屑一顾了。

自寻烦恼要不得。俗话说："眼不见心不烦，耳不听神不乱"吗?!

鲁莽是做事后悔的元凶。

能做不去做、做了又抱怨，这样的人最让人烦。

你认为世上所有的东西都是过眼烟云，那么你就不会自生烦恼苦纳闷。

一个人厌恶另一个人，就像人吃了苍蝇，十分恶心。

其实，后悔多为没想到或者想到侥幸而造成。

当你感到生活苦恼的时候，如果你能想到他人生活比你更糟，那么，你内心自然就有一种聊以自慰的感觉。

最让人纳闷的是，无意中得罪了别人而自己却不知道。

求人办事，希望而去、失望而归，是最令人不悦的一件事。

为人不要疑心太重。要知道，猜疑不仅会导致人际关系紧张、伤

害他人感情，而且会使猜疑者本人加重心理负担、损害自身健康。

硬汉有泪不轻弹，流泪除非心伤透。

其实，你烦人家，实际上对你的内心也是一种伤害。

佛心无烦恼，烦恼自己找。

无赖让人无奈，惹不起，躲开。

与其怨天尤人，不如找点事干。

后悔药难买，早知道难料。

扔掉烦恼，才能拾起快乐。

兴 趣

人无兴趣无生机。

情趣给人以愉悦，哲理给人以启示。

能把自己想干的事情干好，即使不是什么惊天动地的大事，但只要能满足自己的心愿就够了。

与其说畏难情绪是学习的最大障碍，倒不如说不感兴趣是不想学习的主要根源。

做你感兴趣的事，成功的概率就会多些。

寓教育于兴趣之中，让教育不离兴趣。

爱使生活更添趣、更有味。

一个人如果能根据自己的兴趣、爱好选择职业，那么，他的积极性和创造性就会得以充分发挥，其做出的成绩也就越大。

兴趣源于热爱，热爱使兴趣升温。

如果一个人能做一些轻松有趣的事，那么，他的心情自然就

会快乐起来。

生活的品位无处不在，就看人的爱好、兴致和雅趣如何。

兴趣是引领人走向成功的老师。

兴趣是成功的催熟剂。

一个人的天赋如果能被兴趣鼓动，那么就能发挥更大作用。

凡事忘得快，多因缺乏兴趣而造成。

一个人想要大家都能参与到自己的事业上来，办法就是引导、启发和提高他人对自己所从事事业的兴趣。

物以稀为贵。得到了，就得到了心理上的慰藉和满足。

有什么样的爱好，就有什么样的兴趣。

有时，没趣都是自找的。

兴趣冷漠了，人的情趣也就淡化了。

被迫学习无兴趣，自觉学习动力足。

有些事就是这样：做过的没兴趣，没做的有新感。

学　识　篇

哲　理

变是永恒的，不变是没有的。

世上没有什么秘密的东西，只是自己没有发现罢了。

路熟走得多。

一串数，一个错一串错。

白染黑易，黑变白难。

同样一个问题，不同的人有不同的处理方法。

世上能被人拦截的东西很多，唯有年龄增长无法拦住。

轻松能做到的事不难，尽力而做不到的事才难。

水有两面性：热起来沸腾，冻起来坚硬。

腿比路长，人比山高。

就人和事来说，把握人要比把握事重要。

没有打不开的锁，只有打不开锁的人。

有些事，绝不像人想象得那么简单，胸有成竹并不代表最后结果。

有些东西捉摸不透，想要的时候要不到，不想要的时候偏又来。

话别不是永别，分开不是分心。

一意孤行在前，执迷不悟在后，事已铸成大错能怪谁！

心虽小，能把宇宙装下；人不大，能令江河改道。

从某种意义上说，关注就是改变的开始。

讲结果不唯结果，过程美也令人心醉。

眼斜的人看问题不一定偏斜，正眼的人看问题不一定中正。

美无界、天无边，人心最深。

从困难处着眼，向成功处努力。

其实，人画出的画，都是由自己心中的画复制而来。

再亮的眼睛也看不见自己的脑勺，再不起眼的东西也各有各的用处。

错已犯下，再有本事也无法否认错没犯过。

撬起人生的杠杆是理想，获取成功的途径是奋斗。

船离水难行，人无信不立。

枪越擦越亮，书越读越"薄"。

世上任何东西都有用，要说没有用，那是你没有发现真正有用的地方而已。

想再好，不落实也是空的；人不学，再聪明也一字不识。

水中的月亮离你再近，再大的本事也无法把它捞出水面；树上的果子你再想吃，不去采摘同样也不能满足你的口福。

即使有九十九道难题，只要有一把能打开难题的万能钥匙，就没有难题。

力大打架不吃亏，狗大不恶也吓人。

要自己给自己找压力，不要等别人强压你。

环境对人的成长虽不唯一，但极端重要，不可忽视和忘掉。

马不驯不好骑，人不学不明理。

树摇借风力，无风树不摇。

起跑只是开始，到达才是终点。

人才因经济而保证，经济因人才而兴盛。

有思想，才有力量。

会说不一定能干，不说不一定不干。

读谁的书说谁的话，拜谁的师学谁的艺。

不经事不长智，上一次当学一次精。

熟路不问人，路生嘴要勤。

黄金难改变颜色，玉碎难恢复原状。

人活着应该让别人因你活着而快乐，并不是因你活着为满足自己的私欲而让别人痛苦。

一个人要解决所有问题不可能，但所有的问题都能找出解决的办法。

躺着想，不如起来走；不走，永远到达不了你所想。

凡事都有正反两面：有付出就有索取，有真诚就有虚假。

只有自己读懂自己，别人才能读懂你。

伟大源于平凡，平凡铸就伟大；没有平凡，便没伟大。

再长的河流也有源头，再大的矛盾也有化解的时候。

事实上，看病是治病的前提，发现和指出问题是解决问题的条件。只有发现问题、看准问题，才能更好地解决问题。

事前准备越充足，取胜的把握就越大。

眼观六路，但看不见自己的背后。

气球再大，也禁不住针尖一扎；再会吹牛，也经不起事实验证。

有花开就有花落，有成功就有失败。

人是平凡人，但谁能把平凡真正读懂、做好，谁就有可能成就不平凡。

人生不能复制，时光不可逆转。

风挡不住、雨制不止，凡事都要顺应规律而不盲动。

书读多遍知其义，人处长了知根底。

出不了地洞，见不了青天。

历史就是今天的过去。

人不能选择自己的出生，但能选择自己的出路。

凡事都要因时而变，因变而变，不变是不存在的。

苦难是幸福来临的前奏，黑暗与光明只在一线间。

抓作风，也就是抓发展；作风就是生产力。

善念离不开善行，善行是善念的落脚和归宿。

从错误中学到的东西，要比从成功中学到的东西多得多。

人各有长短，有优点也有缺点，光有优点而没缺点，世上是没有的。

想念不如相见，求人不如

求己。

擦地的抹布上不了桌面。

冷空气刺骨让人看不见、摸不着，但能感觉到。

有时，坏不无益处，坏可以教化他人。

气球再大，扔进水里也不沉下。

有洞的灯泡不会亮。

衰极而兴、盛极而衰，这是规律。

任何人都没理由小看他人，每个人的成长或成功都离不开他人。

人随事物的变化而改变看法。

甜蜜中少了些苦涩，而苦涩中倒不免有点甘味。

不检点的人，往往由小错酿成大祸。

雄心的背后是实力。

通常讲，人的地位取决于人的能力，人的薪水取决于人的业绩。

老想不幸，本身就是一种不幸。

很多事情，不一定有结局才值得称好，没有结局但有良好开端也值得称道。

思想引领行动，境界决定作为。

果子不熟不香甜，人不成熟不老练。

拥有金山银山，不如肚饥有餐。

山陡难攀爬，水深难摸虾。

态度决定结果。

站在山顶我最高，身在民间我最小。

世上很多东西不难把握，唯

有人心难把握。

走不完的天下路，数不清的天上星。

磨刀石虽钝，但能磨出锋利的刀刃。

不想已既定事实的东西，必须经过一段时间的磨合后才能接受。

真实的都是贴近生活的，虚假的都是有悖真实的。

常吸纳别人的看法，就少了自己的主见。

就玩来讲，人要会玩，但不要贪玩。"会玩"与"贪玩"截然不同：前者劳逸结合、张弛相宜、利于工作；后者玩而无度、精力殆尽、贻误事业。

拥有了就要珍惜，失去了就接受教训。

一个拳头打出去，其力量的大小与拳头的分量有关，更与挥拳的速度关联。速度越快，冲击力就越大，反之则弱。

官大不见得就高贵，钱多不见得就幸福。

智慧永远属于认清方向的人，成功永远赖于不懈努力的人。

遇事要记住：心小事就大，心大事就小。

不求出名的人不一定不是出类拔萃的人，只想出名的人也不一定能成出类拔萃的人。

鹰眼兔难逃。

地不惧犁耙翻耕，越翻耕地越肥沃；人不怕困难打压，越打压人越坚强。

世上没有不认识的人，只不过尚未见到而已。

物质匮乏的年代，精神的力量可以弥补物质上的不足；物质丰裕的年代，精神的星光则能照耀一个人走得更高、更远。

越强压，越反抗。

知 识

知识擦亮人生，勤奋铸就成功。

人有知识，不愁用处；人无知识，难成大事。

美在学问，耻于无知。

贫穷的根子在愚昧，治愚的根本靠知识。

知识、文学、艺术、音乐，以及各种形式表现出来的美都是文化生活的一部分。享受生活就要充实、吸允和博采这类营养，进而达到丰富人生、提升自己。

知识绝不单单从书本中来，生活处处皆学问。

要摆脱愚昧，就要多学知识。

相对来说，知识越多，犯罪越少。

知识最强大，任何力量也别想战胜它。

苗壮需营养，人强靠知识。

知识像大海，抽不干、流不完，取之不尽、用之不竭。

知识来不得半点虚假，虚假的知识危害最大。

知识伴人成长，给人智慧和力量。

以学问磨砺气质，以气质影响他人。

知识是打开所有"？"号的钥匙。

人有知识，才有力量。

知识给人带来幸福，愚昧做不到。

知识就是在不断地探索中获得。

如果一个人把所学的知识用错了地方，那么，他就会把简单的问题复杂化，甚至造成不应有的失误和损失。

用知识充实自己，以行动铸就梦想。

眼光短视，莫过于知识匮乏。

开考才觉知识少。

知识能遮掩人的缺陷、提升人的价值。

有知识不去用，跟没知识一个样。

人的知识水平不同，对问题认识的深浅就不一样，如同看戏，"会看的看门道、不会看的看热闹"，这就是差距。

虚假的知识知之越多，对事业的危害性就更甚、更烈。

大字不识的人是无法进入科学殿堂的。只有用科学理论和科学知识武装起来的人，才有能力从实践中汲取营养、获得力量，创造更加辉煌的业绩。

海水难抽干，知识学不完。

求　知

求知不分年老少。

宁可备而不用，不可当用不备。

学时厌多，用时恨少。

人对钱财不可贪，但对知识的渴求越贪越好。

知识无穷尽，求知贵痴情。

对知识要像久旱盼甘霖一样的渴求。

求知不知足，长进；生活不知足，堕落。

别忘了给自己的头脑"充电"，因为，时下知识更新的步子加快了。

趁年轻充实知识，到老时不致空虚。

长见识，旅游也不失为一个好捷径。

直白地说，学问不是天生的，而是学来问来的；不学不问，没有学问。

不能否认，知识从兴趣中获得。

知识越多越不知满足，说明自己的知识还远远不够。

要想技艺好，就得下苦功；苦功受不了，技艺学不到。

理解易记忆，不理解好忘记。

学后不会用，等于有地不会种。

不懂，才知学识浅。

钱袋空不好，脑袋空更糟。

学而不强记，犹如车胎慢跑气。

多问增学问，不花半分文。

不知而又想知的东西，总让人感到好奇。

浅学者，自作聪明；好学者，不耻下问。

只有承认不知，才能得到有知。

旅游不光是闲玩，而且能学到你所不知道的东西。

自学靠自觉，坚持收获多。

渴求知识莫要忘，要像吃饭、喝水一样。

无知是有知的绊脚石。

不知则下问，不怕失身份，你才有长进。

有知而不用，等于无知。

到佛学里寻觅，准能找到启迪你的"真谛"。

其实，敢承认自己未知的东西，不是谦虚而是智慧。

在博学中求精。

广见、多读、勤动手，实乃治学之根本。

无知是远航的黑夜。

学问离不开爱好，爱好使学问加深。

好学来自兴趣。没兴趣，也就没有好学。

读　书

读别人的书，长自己的本事。

读书启心智，不学人则愚。

好读者忘寝，厌学者偷懒。

游刃于书中而能走出书外，这才叫真正的读而能用。

只要你看书中的每个字都觉得珍贵，那你就能视书如命、如饥似渴。

有计划、有重点的读书，要比漫无边际的盲目读书更管用、更有效。

读书不能似懂非懂，要悟出新意才行。

读书是一种消遣、一种享受，更是一种启智。

弃之愚昧需读书，读书使人变聪明。

不读书的人，不仅头脑空虚，而且跟不上形势，久而久之就会被时代所抛弃。

读书不能怕吃苦，如果没有甘于寂寞、苦啃几本书的精神，那是学不到真知的。

眼脑并用是读书学习的上乘之法。

就读书而言，熟不等于掌握，会用才是真正的掌握。

书读再多，照本宣科也起不了多大作用。只有读进去、走出来、会运用，才能使其成为一个真正的有用之人。

读书离不开实践。在实践中读书，在读书中联系实践，是一个人获得新知、真知的一个根本路径。

读书是个经常性的慢活，常读才能常见效。

读书靠自觉，谁读谁收获。

自学也是成才的途径之一。

读书长智，读书励志，读书修身养性，益处多多。

为生命的厚度而读书，为完善的自我而求知。

人富只是有钱而已，而读书却是一种精神富有；人光有钱而无精神食粮，那是不幸福的，甚至是痛苦的。

岁月只能恒定人的生命长短，而读书却能提升人的生命厚度和质量。

不求读书读几遍，只求读后有收获。

读书不消化等于肠梗阻。

读书能使人睁大眼睛，树立远大理想，永不迷向。

多读书是消除内心烦恼的最好方法。

能与书聊天，的确是"超人"的对话。

与书同伴，尤如跟智者交友，受益多多。

以书为伴，其乐无限。

书是无言之师，你向她求助，她就教你。

书看似死的，读起来并能运

用就是活的。

书籍的价值不在于它的价格，而在于它对人所产生的影响作用。

读健康书籍，既陶冶情操，又净化心灵，同时还能让你的生活更充实、更精彩。

书如"药"，药到愚变聪。

书是我生命中的伴侣，一日无书食没味、寝难眠。

读几本好书，比腰里有几个钱更重要。

放着书不翻，纯属摆设。

读书之要法：泛读与精读。

广读人间书，遍知天下事。

熟读不一定掌握，会用才知其义。

其实，读书就是"读"事理，不读书者人愚钝。

少小多读书，一生都受用。

生命因"悦读"而精彩。

学　习

学习犹如上楼台，学得越多，上得越高。

不求泛学，而求精学，然后能运用。

学习明辨方向，知识集聚力量。

学习只有养成良好的习惯，才能静下心来、深钻苦研、学有成效。

太阳能，没有阳光不制热；人厌学，固有天赋无大用。

事实上，学习就是逐步发现自己无知的过程。

读一句哲语，受一次启迪。

学习力决定生命力，并能激发人的创造力，是求新求变的起点和根基。

青年人看问题简单、干事莽撞，老年人想问题周全、做事稳当。因此，青年人要向老同志学习，这一课务必要补上。

为学就怕偷懒。

学破愚，不学则钝。

时代在发展、在进步，不学习就难立足，甚至被抛弃。

一辈子学习，一辈子受益。

学习是通往成才的必经之路。

少而不学、长大吃亏，等到人老自后悔。

循序而致精，乃学习之良法。

学习是一种劳动，而且比体力更为辛苦的劳动。

强学力行，必有大成。

融入社会，不学习就不知其去向。

学习贵在自觉，强求难得其效。

学习是一种自觉活动，靠人催学，收效不大。

欲知大道，必先知史。善于吸纳和继承历史经验，是一个人乃至一个社会成熟的重要标志。

学，就要钻进去。隔靴搔痒，既学不了东西，又浪费时间，不如不学。

厚着脸皮下问，虽有失脸面，但学问加深。

当今时代，学习的重要性不言而喻，它就像吃饭、喝水、睡觉一样，每日是必须的，是人生在世的第一要务。

自学是治疗知识"恐慌症"的一剂良药。

自学靠自觉，没有自觉的自

学，是学而无果的。

厌学，就是缺乏浓厚兴趣和上进的动力。

学习要有目的。没有目的的学习，只为拿到一张文凭，那是毫无意义的。

学本事就要慢慢来，急了学不好。

学习是一件很苦的事情。没有学而不倦、持之以恒的苦钻精神，那是学不到什么东西的。

记住：学以增智、学以立德、学以广才、学以促进工作开展。

早知道学习比晚知道学习，成功的概率高得多。

求解之道要学习，破解之法更要学习。

思　考

思考使人清醒，凡事不可盲从。

善思考才会有办法。

思之越深，办法越新。

遇事权衡多斟酌，胜算在胸有把握。

静思而悟，悟得真知。

悟之深，思路新。

有触动，才有启发。

慎重，乃决定前的提醒。

人没困惑，就没有反思；有反思，才会有更大进步。

有胆去冒险，不经思考不要干。

不看三步棋，不下手中子，凡事都要三思而后再决定。

读思并用，方可知其义。

人有反思能进步，缺少反思难振作。

越有话语权，说话越慎重。

没有思考，就没有创新。

聪明绝顶的人往往不按常人的思维考虑问题。

凡事能站在对方的角度思考问题、提出建议，最容易被他人接受和执行。

遇事慎思而后行，不然就会出差错。

事无远虑，必遭麻烦。

不善独立思考的人，往往缺乏个人主见。

善于思考的人成功多、失误少。

倘若你能提出别人尚未提出的观点，那就说明你头脑里早已有了先人一步的思维。

用脑做事失误少，做事粗心错误多。

你想把事情办好，就要把脑袋用活。

思考就是寻求问题解决的法宝。

凡事稀里糊涂的人，都是缺乏思考的人。

失误的，都是考虑不周的。

思考的多，悟出的多，悟出才有新见解。

遇事不耽搁，想就想明白。

学贵疑，不疑难出奇。

读而不思白费力，思而得之最有益。

谋划贵缜密，落实靠行动。

相　对

想无禁区，行有选择。

大的东西不一定就重，小的东西不一定就轻，关键就看其质量的构成。

快不过光速，慢不过踏步，凡事都有相对性。

好要人夸，错要自改。

有时候，不是坏人太猖狂，而是好人太沉默。

不想见的人见到了，心烦；想见的人见不到，遗憾。

不吃后悔药，事前应慎行。

文章千古颂，功归大手笔。

胆大不妄为，心细不唯诺。

再聪明的机器人也不及人脑，再迅捷的兔子也不及鹰快。

警言一句值千金，废话万句不顶用。

脚踩路易、路挡脚难，万里之途，始于脚下。

欣赏与被欣赏是相互的，不善于欣赏别人的人，别人也不会欣赏你。

谨言慎口人持重，信口开河惹人烦。

饱受钳制的人，渴求自由最迫切。

身大力强的人，不一定意志坚强；身小力薄的人，不一定意志薄弱。

小心没有错，粗心铸大错。

舵正好航行，人正受人敬。

枝繁叶茂源于根深，事业兴

盛赖于勤奋。

没有温柔的战争，只有温馨的和平。

滑梯人爱玩，人滑遭人骂。

解决了思想问题，行动就会自觉。

高楼立得起，全靠根基稳。

白布掉进黑染缸，随即捞出难洗白。

挫折可以生教训，教训可以长学问。

不进森林不知林茂密，不见猛虎不知虎霸气。

思想问题解决不了，行动上就别想落实。

能找出解决的办法，再难的事情不再话下。

警惕：靠牺牲资源和生态环境搞建设，实际上就是夺了子孙后代的生存权。

任何事情都有互补性。一个人在某方面有强项，另一个方面就有弱项。因此，要想成为具有出类拔萃的人，就必须集中时间和精力打造自己的强项。只有强项得到了充分发挥和利用，那么你的事业就会越做越大、越做越强。

惊吓过的鸟，一听响就跑。

能控制住自己的人，才能控制住他人。

故意隐瞒要不得，有意说谎也不对。

人有精力才有劲，精力不济人无力。

悲观是自酿的苦酒，快乐是自寻的甘果。

用欺骗的手段攫取官位，终将因欺骗而必受惩处。

靠勤奋铸就希望，用激情创造辉煌。

兵贵神速，迟怠必败。

与痞子结拜，不学坏才怪。

说来也怪，某种东西对这人有益，对那人却有害。

与其让人恩泽，不如自己争取。

先与后是相对的。只有暂时的领先，没有永远的落后。

赌气，既有一种争气而不服输的精神，也有一种顾面子而任性的冲动。

打铁先要自身硬，自身不硬铁更硬。

一心不忘自己的人，生活不会快乐；一心只想私利的人，终生不会幸福。

言听计从的下属，往往能成为一些领导干部行为不轨的替身。

有的人貌似平和，但温情中蕴含杀机。

没有利益可图，主战者不会出击。

亲热可拉近关系，也可使你放松警惕。

不成熟的果子苦涩，缺教养的孩子无礼。

谁做事无遗憾，谁心里就坦然。

凡事知道的人越多，越没有隐匿性。

要想不失窃，就得多防备。

伟大来自平凡，圣贤出自常人。

基础不牢靠，别想墙不倒。

冤仇可解，私欲难除。

再凶的野兽，人能驯服。

任何东西一经使用，必须做好修复的准备。

躲过失败的门，就到成功的家。

宁可备而不用，不可不备不防。

天有阴晴，海无宁日。

事越理越清，话越说越明。

有的事情往往就是这样：出发点是好的，但结果不一定就好。

知错掩错，受罚活该。

猴子不嫌脸瘦，乌鸦不知自黑。

高山出俊鸟，深海藏蛟龙。

垂枝鸟难立，杆直人难上。

人靠精神支撑，鸟靠翅膀腾飞。

出外才知家里暖，口渴才觉水更甜。

旧事物一旦离去，新事物立马产生。

尘封的东西越久越贵重，难存的东西越放越没用。

乐善好施者荣，为富不仁者耻。

魔术的魅力就在于秘密，揭秘是魔术的一大忌。

钢是炼出来的，犬是驯出来的。

再坚硬的冰块见热溶化，再难解的冤仇有爱能和。

好铁要回三次炉，好钢要经百回炼。

生活上，不满足就会堕落；求知上，不满足就会进步。

凡事皆有利弊：好的发扬，差的摒弃。

由百姓推上来的官清正，靠金钱买来的官必捞。

实践是创新之基，学习是创新的助推器。

厚民生才能稳民心，稳民心才能稳江山。

经验是积累得来的，失误是考虑不周犯下的。

好叫的狗不一定咬人，咬人的狗往往偷袭。

再高高不过人眼，再深深不过无底。

散尽钱财难得真心，拢人心者无情不成。

实　践

实践是催生理论成熟的沃土。

经验不无代价，有时付出的学费更昂贵。

心想的东西，不落实就是空的。

理论的价值在于指导实践，不能指导实践的理论分文不值。

无视实践，就等于不要真理。

说试百遍，不如亲自实践。

真理从实践中来，并经实践验证。

人经历得多了，处理起来事情就成熟、老练得多。

经验积累靠实践，实践才是经验之源。

不经实践悟不深，真理赖于实践中。

干任何事都一样，不经实践，别想成功。

走出去很需要，不经世面见识少。

不经磨炼的人，成不了干才。

不攀悬崖不知陡险，不试河水不知深浅。

践行，不一定都成；不践行，就一定不成。

实践出真知，真知源于实践中。

勤学长知识，实践出干才。

蹉跎岁月励人生，人经磨炼最老成。

丰富的阅历远胜于获得的学历。

得到始于心动、成于行动。

创新想法再好，不实施就是空想。

多摔几次跤，才能走得稳。

声明是一种态度，行动才是声明的归宿。

接地气才有底气，下基层才知实情。

任何真理都要接受实践检验。

人不摔打不成熟，瓜不熟透蒂不落。

再好的模拟环境，不如实地感受。

没有实践的理论是空洞的说教。

理论离不开实践。让理论走进群众，就是一个坚持群众立场、服务人民大众的实践过程。只有站在群众立场上看待事物、分析问题，帮助他们解疑释惑、阐明道理，理论工作才能真正做到群众的心坎上。

理论的重大意义在于给人解决问题的思路、办法，给人推动实践的勇气、力量。

理论源于实践又指导实践，其生命力深深扎根于实践当中。

再好的理论，如果不符合人们的接受习惯、不为人们喜闻乐见，也难以走进人心、达到预想效果。

对领导干部来说，个人的一个微小行动往往胜过十堂说教。

一切虚假的，都是经不起实践检验的。

事实上，说教的力量在于鼓劲，而点滴的进步终究要靠点滴

的行动铸就。

不下河不知水深浅，不入乡不知啥风俗。

水干见塘底，日久见人心。

官见多了不怕，事经多了老练。

楼要一层层地上，饭要一口口地吃。

实践一经理论指导，作用更大、见效更好。

凡事经过实践才有发言权。

不进沼泽不知下陷，不见大海不知无边。

卓越的才能靠实践的磨砺和摔打才成。

实践出真知，劳动出智慧。

教训也是一种学问，而且比经验更容易记住。

任何法律制度的出台，都要接受实践的检验。否则，就很难行通。

有些事，与其理论上争执纠结，不如实践中寻找答案。

从书本里寻找知识，并结合实际加以运用，是最聪明的选择和做法。

经历了就长见识。

不飞天不知苍穹之壮美，不下海不知海底之奇妙。

判断事物是否正确，实践最有发言权。

用事实说话，让百姓知情，这是我作文的原则。

干部下基层锻炼，既是事业发展的需要，也是自身健康成长的需要；不仅可以积累基层工作经验、提高工作能力，而且更能砥砺干部的品德修养。

经历多了感受深，没有经历难体会。

一个人的本事怎么样，只有通过实践检验才知道。

只要付诸行动，不成的事往往能成。

除向书本学习外，别忘了向实践学习。

愿生于心而践于行。

热爱生活就要体验生活。

一个人的潜力有多大，谁也说不清，只有一步步施压才知晓。

实践是骗子的大敌。

一个人如果紧握拳头不愿张开，他就无法亲手拿起自己想要的东西。

有些事，只有把自己摆进去，才能知道它的对错。

要知道，动物和人一样，也少不了实践。没有实践，它们也很难熟悉和掌握捕食的技巧。

懂农耕问老农，知民情下基层。

事例比理论更具说服力。

经验比理论更有现实指导价值。

朝阳的果子最先熟，吃苦的孩子早当家。

玉经打磨才炫目，人经磨砺才成熟。

文 化

文化，既是社会文明程度的一个标志，也是推动社会前进的智力支撑。

人学文化，既是所需也是责任。

没文化就落后，落后就挨打。

文化传播靠载体，没有载体难传播。

文化的进步，标志着时代的进步、历史的进步。

文化是人类进步的精神旗帜，是推动社会发展的重要力量。

事实上，文化既是软实力，也是硬实力；既是凝聚人心的精神纽带，也是推动社会进步的重要支撑。

没有文化的大繁荣，就没有经济的大发展。

一个国家、一个民族若只有经济发展而无文化发展是不全面的。只有精神文化和经济、政治、社会等各方面同步发展，才能真正实现繁荣昌盛。

中华民族能否复兴，最根本的标志就是中华文化的复兴；没有中华文化的复兴，就没有整个中华民族的复兴。

其实，文化就是经济与政治、历史与当代、民族与世界等社会生活相互联系、不可分割的精神产物，是一个国家和民族的精神支撑、纽带和标志。

就一个国家来讲，其文化的影响力和辐射能力，不仅取决于其思想内容，更重要的是取决于传播手段和能力。手段先进、能力强大，其传播速度就快、就广，就更有影响力和辐射力。反之，则小。

要知道，社会的发展最终是要以文化的进步来体现。一个民族的力量，首先表现为文化上的力量。只有占据了文化高地的民族，才能在激烈竞争中实现自身的价值和目标。

岂不知，我国文化之所以绵绵数千年长盛不衰、亘古弥新，其内涵就在于兼容并蓄、博采众长，其力量就在于文化自觉和文化自信。

时下，"微博"、"微信"的力量不可小视。它可以改变一些社会现象，可以传播信息，可以助人成长。但"微言"要真实不能虚假。只有自律言语、规范行

为、内容健康向上，"微博"、"微信"才能更加给力，才能深受网民挚爱。

通常讲，文化就是人类社会实践过程中所创造的物质财富和精神财富的总和。

国运昌、文运兴，文运不兴国难昌。

文化如乳汁，是哺育人成长的最佳精神营养品。

人才强，文化强。一个人才辈出的时代，必然是一个文化兴盛的时代。

要知道，文化绝不是经济的附庸，而经济也绝非文化的主宰。二者之间相辅相成、相得益彰、互为促进。

其实，以文化发掘快乐，也是一种文化主动和自觉。

说到底，文化就是我们的根，就是我们民族的血脉，就是我们的精神家园。没有文化，就没有一切。

别忘了，文化软实力既体现在以文化人，增强民族凝聚力、向心力上，又体现在充分释放文化经济功能、提升文化整体实力上。

文化也是民生，而且是一项十分重要的民生。

旅游与文化密不可分，旅游能起承载文化传播的作用，而文化却决定着旅游的品味、精神价值和人文含量。如果说文化是旅游之"魂"，那么，旅游就是文化之"体"。通过旅游，寓教于游、寓教于乐，使文化之"魂"得以广传、生生不息，进而推动社会进步和发展。

文化既是价值的理性载体，又是价值的感性呈现。

任何消费无不与文化消费结缘。消费本身就是一种与文化生产、传播、保存、参与等相关联的综合行为。撇开文化消费的消费是不实际的，也是没有的。

不容置疑，文化强弱对一个国家和民族的兴衰起至关重要的

作用。

民族的振兴离不开文化的繁荣，离开文化谈振兴，那就没支撑。

相对于物质来讲，文化看似无形，但它可内化为精神、外化为价值，指导人们的行动，成为社会经济发展的推动力。

事实上，物质越丰富，人们对精神文化的需求就越高；没有精神文化的充实和丰盈，人们就不可能有真正美好幸福的生活。

进　步

知己才学浅，说明能进步。

对做错了事，不要纠缠不休，要从现在就改。

有心说别人的不足，倒不如看看自己有哪些不足，这样对你今后的进步有好处。

一个人能学人之长、补己之短，永远是一个快速进步的捷径。

常照镜子的人，才知"脏"、"净"在哪里。

不陶醉于成功、不气馁于失败，奋力拼搏永不停步。

你若拒认错误，你就无可救药。

能知短处就是长处，知错就改就是进步。

人的一生不可能不做错事、不走弯路，做了错事、走了弯路之后，能知道剖析和改正，人就最聪明，也能更进步。

别人改写自己所写的东西有新意，这也是进步。

有些事，错了能吸取教训，它是向好的表现，也是走向成功的第一步。

从零开始，零就是起点；从自己做起，你迈出的第一步就是起点。

人吃亏不要抱怨，只要能从中吸取教训，那就大长见识了。

谁有自知之明，谁就能进步。

凡工作慢一拍的人，永远当不了先进。

哪里跌倒哪里爬，回到原点再奋起。

先检点自己，再照照别人，不然就进步不了。

在非原则问题上，一个人能对人对事少指责、少埋怨、多宽容，就能进步。

谁能经常拿别人的短处检点自己，谁就能进步。

对历经十年寒窗苦读的莘莘学子来说，能考上大学固然好，考不上大学并不意味着成才之路从此断绝。

人只有聚焦自己、铲除障碍，才能不断进步。

历史是不断进步的，前人的经验需要重视和借鉴，但它绝不能成为妨碍社会进步的借口和托词。

一个人常能找到自己的缺点，就不会退步。

人无刺激，就无激进的动力。

不学别人的长处，自己的短处永远不会拉长。

当为文者感到自己没东西可写的时候，那就能进步。

教 育

教育不单是让学生学习知识，更重要的是让学生学会做人做事。

光宗耀祖是对孩子教育的最大误导。

人受教育是终身的。

学生不学习，就像栽树不管理，成不了栋材。

学校的最大贡献就是培养、造就人才。

不能超过老师的学生，永远不能青出于蓝胜于蓝。

也可说，没有教育就没有人类的文明和进步。

能赢得学生的爱戴，是从教者的最高荣誉。

教育事业最壮丽，献身教育最光荣。

先教育好自己，才能教育好学生。

抓住学生的心，使其感到你有吸引力，你的授课效果就会好。

为人师不能为教书而教书，

而要把育人放在第一位。

教出的学生能超过自己才荣耀。

再不加强德育教育，恐怕孩子难成"正果"。

自己教育自己是最直接、最省事、最有效的教育。

成人先育人，育人德为先，然则授业、解惑、明事理。

栽桃育李，乐在其中。

对一个学生来说，成绩拔尖、为人忠厚诚实是最受人尊敬的，至于他的家况如何不必多问。

小孩的可塑性强，当大人的一定要做出榜样。否则，就会给孩子带来不好的影响。

教育源于爱，爱在教育中。

最好的教育方式就是自己教育自己。

教育儿童不能滋长驾驭他人

的思想，特别是与人交往不能太强势。

教育，顾名思义就是"教"与"育"。某种程度上，"育"比"教"更重要。

能让学生敬佩的老师无非两条：一是人品高，二是才识广。

培养学生良好的性格和习惯，应当说是学校教育的一大任务。

再有本事的教师，也难以教会不愿学习的学生。

教与学孰轻孰重，愚以为学比教更重。

培养学生抗压、抗挫折的能力，是学校育人不可或缺的必修课。

亲其师，信其道。作为教师来讲，只有主动亲近学生，学生才愿意学好你教的课程。

对教师来讲，不仅要注重言教，更要注重身教，做到德艺双馨、为人师表，以自己的模范品行来教育影响学生，成为学生的楷模、心中完美的"偶像"。

实际上，教师的素质既决定教育的质量，也决定教育的最终效果。

教师是教育之本。有了好的教师，才有好的教育。

别忘了，教师应该以自己的高尚师德、人格魅力、学识风范感染学生，成为他们的楷模。

从小培养孩子的自尊意识，让他们提早懂得自强、自立、自尊、自爱，有利于将来健康成长。

没有道德教育，就没有人类文明。

没有良好的教育，就没有良好的社会风气。

教师是教育的关键。没有过得硬的教师，就没有过得硬的教育。

事实上，教师不仅是一种职业，更是一种事业和责任。

被宠的儿女不成器，严管的孩子有出息。

在教育孩子上，靠打骂并不是办法，能让孩子懂道理才是真办法。

教人知识，更重要的是教人方法。

严与爱结合，不失为教育孩子的一种有效方法。

教师乃天底下最高洁、最光荣的职业。

教诲记于心，师恩难忘怀。

不管不问孩子的事，是做父母的最大失误。

教育不只是知识的教育，更重要的是人文精神的教育。

对小孩子来讲，虽说赏识教育比惩罚教育重要，但适当严规教育不能不要。

对人的教育是应该的，不受教育的人是没有的。

"一'管'一'护'，上不了路"，这是家长教育孩子最不足取的做法。

从某种意义上说，重视教师，就是重视国家的未来。因为，孩子是祖国的花朵；花朵的娇艳，没有教师的施肥、浇灌怎行！

人一生下来就受教育，没有教育就没有人类。

一个人从小就沾染上了庸俗之风，长大后将会成什么样子。为了未来希望，我们是否应该想一想如何教育孩子。

惩罚孩子打不好，说服比打更有用。

没有教不会的学生，只有授之无方的老师。

孩子是花朵，但要修剪、培育好。

教育不仅是知识的教育，更重要的是品德修养的教育。

艺　术

艺术来源于生活，只有懂得生活的人，才能知道艺术是什么。

能善于把握好平衡关系，实属领导者的一门特殊艺术。

完美的艺术达不到，但绝不影响人对完美的追求。

文艺是大众的，也是为大众服务的。

凡文艺之花，无一不是植根于火热的现实生活之中。

文艺只有贴近人民、走进人心，才能教育人民、感化人民。

生活是艺术之根，艺术给生活添色。

艺术追求的最高目的就是美。

如果没有歌声，生活就没了乐趣。

艺术的最大责任就是陶冶情操、哺育思想。

没有艺术的生活是贫乏的生活。

艺术是美的传递，并塑造生活之美。

打动不了人心的艺术，算不上真正的艺术。

艺术融于生活，人人都需要、人人离不开。没有艺术的生活，既是枯燥乏味的，也是苍白无力的。

能把人物形象塑造逼真，说明饰演者已融进了这个角色。

事实上，同样的话在不同人嘴里说出来，其感觉、效果就是不一样，这就是讲话的艺术。

对音乐创作者来说，打动不了自己的音乐，不是好音乐。

真正的艺术需要一个人安静下来去感受，而不是仅仅看热闹、图个笑。

舞蹈是一门很直接的艺术，每个人都有能力通过肢体表达内心，这也是一种非常很有愉悦的体验。

诗歌少了韵律，就像干渴的禾苗，终因缺水而枯死。

大千世界，人是主宰，人的活动就是文艺创作的源头所在。

生活是艺术之根，根深艺才茂。

艺术的最大魔力就是反映和再现社会生活。

艺术得不到大众的认可和理解不是好艺术。

音乐的功能不可轻视。它有助于规范人的社会行为，改变人的生产与生活方式，强化、提升人的经验和情感，净化人的灵魂，陶冶人的情操。

舞蹈是首无言的诗，其内涵由肢体来彰显。

艺术给人以美的享受，才能称得起美的艺术。

无意气者而难为书画，胸有影像方生于笔下。

审透大自然的本质，但在表现形式上应超然而不拘泥。

手疾眼快、抓取镜头，实乃摄影者必具的一大基本功。

能逗人一乐的是喜剧，但喜剧应该以不损道德为底线，并让人能从中受到教益为最好。

岂不知，文学艺术只有植根于现实生活、紧扣时代脉搏，才能发展繁荣；文艺创作只有顺应人民意愿、反映社会关切，才能充满活力。

绘画从生活中来，生活枯竭就会导致美感衰竭，其艺术也就无从谈起。

对文艺工作者来说，"德"与"艺"相辅相成、相互促进。唯有德艺双馨，才能使高尚的人品和高超的艺品相得益彰、行之久远。

人有人品、文有文德，文章的风骨就是其魂魄，它同人一样，少了就得"软骨症"，没有或缺失就是活着的"植物人"。

人品决定艺品，品行好，艺品才能久传。

艺术只能美化生活而不能脱离生活。

任何事物一经艺术加工，就会变美。

艺术一旦在金钱面前低下了头颅，在铜臭中丧失了洁净、感染与魅力，那么，艺术就成了金钱的代名词，其危害之甚就可想而知了。

生活也需要艺术点缀。没有艺术，生活就枯燥、乏味。

文学是语言的艺术，而语言的审美功能为其它非文学艺术品不能替代。

艺术是生活中的艺术，没有生活也就没艺术。

生活的再现与升华才是艺术。

社会乃人的社会，"以人为本"永远是艺术的不竭追求。

创 作

文章没有思想，就像人没有骨架，立不起来。

对一个记者来说，如果你的双脚能够真正走进老百姓的生活，那么，你笔下写出的东西就会活

蹦乱跳、具有很强的生命力。

要想评论别人的文章，必须吃透别人的作品。

重复别人的说法、拿不出自己的观点、模仿人家的格式，永远写不出属于自己有特点、有新意的东西。

文章宜曲不宜直，为人要正不要邪。

人在顺境中生活，往往写不出跌宕起伏的人生故事。

为文者记住，袭他人之作，坏自己的名声。

文学创作要保持长久的生命力，就必须尊重传统、尊重现实、尊重读者的阅读需求和习惯。否则，就没生机、就是短命的。

写躬身实践、亲身体验的东西，才真实、才能打动人。

多闻多思多动手，功到自然出佳作。

谁能驾驭所学知识，谁就能创作出一流作品。

就文艺创作来讲，唯有紧扣时代的琴弦，才能奏出时代的最强音。反之，则无生机与活力，甚至成累赘。

别忘了，生活是创作之源。只有接地气、贴民心，"身入"加"心入"，才能写出力透纸背的好作品。

任何人写作都是有意图的，没有意图的写作是没有的。

生活给作品以素材，作品以反映生活为己任。

写出自己的感受，文章才深刻。

创意源自生活，生活是创意的沃土。

文章在精不在长，波折顿挫见功夫。

诚实、忠信与真情，乃创作者必须遵从的操守。

创作乃心声的反映，是生活沉淀后的收获。

其实，好文章在谋篇布局确定之后，主要得益于走笔时没把那些可有可无、言之无物、毫无意义的东西写进去。

凡表现不了个性和特点的作品，绝不是好作品，而且也没生命力。

文字变铅字，心里总有一种按纳不住的兴奋。

一部好作品应当经得起群众的评价、专家的评价和市场的检验，缺一都不能称得上好作品。

其实，作品能让公众明白，内容健康向上，且能触动人心，就是好作品。

对为文者来说，怀真感情、动真脑筋、下真功夫，才能写出真文章。

搜尽字词句，著成精妙文。

生活是创作的源泉。谁偏离时代、远离火热的群众生活，谁就无法创作出扣人心弦的优秀作品。

走笔立意深，作品才感人。

唯有灵感到来的时候，才能写出丰满感人的作品。

衡量一部作品有无生命力，最重要的是取决于能否把握现实脉搏、反映人民心声。

只道听途说而不深入生活，没有一个人能写出真情实感的作品来。

文外功夫深，走笔铸佳文。

积　累

知识既要积累，也要更新。

一年包括一天，一天是一年

的累加。

学问，乃长期积累的结晶。

想到的记下来，说不准哪天有用处，甚至有大用。

不善点滴积累，学识就不广博。

知识靠积累，品德靠养成。

今天记一句话，明天记一段话，一句一段、一段一句，日积月累，知识也就广博了。

积累知识比积攒珠宝更重要。

活越干越少，知识越积越多。

栩栩如生的作品，没有大量素材的积累和调动技巧的手笔，是难能做到的。

经验是积累的，成功是勤奋换来的。

知识积累越多，越能驾驭

未来。

从一定意义上说，节约就是积累。

谁积累的知识多，谁的学识就广博。

积蓄多了心才踏实、用才方便。

积累知识固然重要，但将积累的知识用"活"更重要。

积累学识就是积攒财富。

博学，就是广搜自己所需要的东西。

人要乐观地对待生活，并少追求一些物质利益，多积累一些精神财富。

鸡毛虽轻，积多也重。

添加是积累的必然。没有添加，就没有积累。

专 注

学有专攻必有成。

拳击一点最有力，人有专攻出业绩。

学习贵专心，做事讲认真。

不入迷难成大业，心不专难成专才。

专才来自专攻，专攻铸就专才。

苦钻，乃出新的路径。

心静不浮躁，心细出精品。

学贵精而不贵滥，贪多"嚼"不烂。

饭不嚼不香，木不钻不透。

一个人要业有所成、术有所专，成为一方面的专家，没有刻苦痴迷的精神，不成。

专注来自责任，责任铸就事成。

人无恒心心不专，半道泄气事不成。

留意了，即使小事也能放在心里；走神了，即使大事也能置于脑后。

一个人能专注某一事业，并痴心不改，最终收获的果实就是对他执着的馈赠。

这干一点、那干一点，最终什么事都成"半拉子"。

专注乃成功者的专利。

一个人只有专注某件事情，才能把这件事情做得更好。

心不专事不成，能力攀着事功升。

有些事，不怕干不好，就怕不用心。

事欲大成，既要心专，又要实干。

百样通，不如一样精；样样通，一样都不精。

心不专难干细活。

专注于科学研究的人，往往对周围的一切视而不见、如痴如迷。如果每个人对自己的事业都能做到这种痴狂地步，那么，还有什么目标不能实现！

学问只有钻进去、走出来，才有大用。

才 能

一个人要想得到别人的器重和青睐，唯一的办法就是拿出你的真本事和真业绩。否则，就别想。

权由能人掌握，无能掌权事败落。

舒适的环境，出不了雄才。

想得到，就要考虑自己的能力能否达到。

肯定自己的能力，才有望取胜。

别觉自己本领大，实际本事并不咋地。

一个人的能力再大，也没有众人的努力收效大。

给你个舞台能否施展好，那是你的事，说白了就是你有没有本事的问题。

其实，生意再不好，有人照赚钱，关键靠本事。

是人即人才，但才能的大小不一样。

凡说自己能力大的人，其实能力并不大。

谁能把自己的潜能充分释放出来，谁就是最棒的。

要想超过别人，就必须有超过别人的本事才行。

全才难求，专才勿丢。

有才，只要有舞台就能施展。

怀才不遇心难平，有遇无才最悲哀。

练一身绝技，没有脱胎换骨的精神不成。

人的能力大小，差异就在于做事成功的几率高低。

能力从比较中显现。

人的潜力在挖掘中延伸。

爱惜人才就是兴我中华。

能力越强的人，往往缺点越明显，越要正确看待。

腰缠万贯，不如一技在身。

才能是学后的结晶。

一回生、二回熟，三回过来就精通。

求一技不经几番苦练，怎成！

压力面前看能力。

有才不露相，避开锋芒而方显其能。

善于利用他人之能为己所用，定会给自己的成功助一臂之力。

深藏不露、不到火候不出招，乃聪明人的一大特点，也是一个人不断能够取得成功的一把杀手锏。

只有人才，才能创造人间奇迹。

一个智商平常的人只要肯付出，并能认真锻炼自己的能力、掌握必要的技巧，那么，成就一番事业就不在话下。

安逸的环境出不了奇才，经不起挫折成不了大业。

人离不开人群，能和人群和谐相处是你最大的本事。

不论大能小能，人人各有才能。

万般伎俩皆小术，唯有真功显神威。

谁的能力强，谁就能在竞争中从容不迫，应对自如。

人才，就是能干事、会干事的人同其他人相比较的结果。

有才之人像块宝，走到哪里哪里要。

当你感到工作不顺或无法施展时，你很有可能会想到辞职或另谋他业，但事先一定要储备好足够的资本才保稳。

谁能轻而易举地做到别人不能做到的事情，这就是本事。

自己的意见自己拿，受人摆布能力差。

有的人就是这样：自己无能，偏说别人无用。

天才只有在"德"的指导下，才能发挥更大、更有益的作用。

才用"正道"才益人，才偏"轨道"害惨人。

才能需在做事上彰显，做事是对才能的检验。

一个人如果没有独立的能力，那么做事也就很难成功。

走针毡不在于人的力量大小，而在于功夫是否过得硬。

能在荆棘丛中闯出路的人，实属真本事。

生　活　篇

生　活

生活不会不让人感动，也不会天天都让人感动。

生活是哺育人成长的奶娘。

细品生活、咂其滋味，就能从中悟出不少真谛，对人的一生成长大有裨益。

心中有阳光，无处不透亮；生活有阳光，阴霾又何妨？

好酒不怕巷子深，只缘浓香诱人来。

浪花是水波撞击的杰作。

独立的生活要靠独立支撑，靠别人就不叫独立，叫人扶。

再好的东西没有舆论支持，知道的人也少。

肚胀无胃口，饥饿饭最香。

物以稀为贵，东西多了不值钱。

品味生活，才能更好地享受生活。

生活就像一面镜子，你怎么对它，它就怎么对你，绝不走样。

最耀眼的不是燃着烟花，而是烟花腾空绽放时的那一片刻。

一个人能学会把苦转化为乐，这人才真懂得了如何生活。

把繁杂的生活过简单，就是一种快乐。

生活就是一条路，谁都绕不开这条路，走好幸福，走不好痛苦。

你以什么样的方式对生活，生活就会以同样的方式回报你。

生活不是不公平，而是你的内心不平。

拥有平静的生活比拥有什么都好。

生活可以随意，但不可随便。

人老怀旧，割不断的乡情和乡音。

生活的知识是丰富多彩的，取之不尽、用之不竭。

年纪大而精神不老，日子过得才带劲，相反则难熬。

吃人闲饭遭人嫌，不如自挣吃得甜。

没有饿过肚子的人，永远不知道饿肚子是什么滋味，因而也就不懂得生活到底是苦还是甜。

创造生活比享受生活更快活。

看似不起眼的东西，今天的保存往往是明天的珍宝。

急流里，没有礁石就激不起闪亮的浪花；生活里，没有艰辛就看不出人生的精彩。

笑对生活，不要计较生活怎么对你。

生活就是个实验场，所有的东西都必须在这里实验。

鼻子底下就是"路"，多问才能不迷向。

注意：乍暖还寒初春到，适时更衣防感冒。

蚊子虽小，多了也能把你咬得招架不了。

生活少不了苦，没苦就不是生活。

凡跟生活作对的人，其下场都是不幸的。

笑对困难而不抱怨生活，实属豁达开朗之人。

生活忙碌能赶走心中的郁闷。

生活岂止吃喝，它包括的东西太多太多。

大自然鬼斧神工，各种稀奇古怪的东西，谁都见不完、想不全。

有质量的生存才叫生活。相反，则叫活着。

车到山前必有路，路靠自己走。

顺纹劈柴人省力，干加巧干最见工。

对有的人来说，生活中的事，说起来都会，做起来不行。

昂扬斗志精神爽，晕头耷脑没精神。

生活是美好的，尽管有不尽如人意的地方，但仍会给人带来快乐和幸福。

谁欺骗生活，谁就要受到生活的惩罚。

人为生活而努力，生活将变得更美好。

人人都得生活，游离于生活之外的人是没有的。

人无聊生活才空虚。相反，则充实。

生活需要创造，创造使生活更美好。

按真实的自我去生活，才能找到属于自己的真正快乐。

生活也要自主权，不能一味依赖别人去安排。

疗治人的心病，没有一句暖心的话恐怕不行。

生活既要观察，又要走近，更要了解，用自己的心去领悟和感受生活之美。

一个真正懂得该方则方、该圆则圆、不世故、能随缘的人，才是真正懂生活、会做事的人。

完美只是一种理想。现实生活不可能完美无缺，也正因为有了残缺，我们才有梦想、有追求、有渴望。

能知道顺心的事总是多于烦恼的事，人对生活才有渴望和追求。

谁都离不开生活，离开生活难生存。

不要把生活想得那么完美或者那么差，不完美有残缺，才是真实的生活。

生活的压力无处不在，如果你能静心对待，并不为压力而烦恼，那么，你就能享受生活的快乐和美好。

事实上，人能尽量减少对身外之物的奢望，生活过得才快乐。

人对生活要充满快乐。只有快乐，人才能以阳光的心态去迎接和面对生活。

谁能感受生活美好，谁的内心就快乐。

生活是快乐的源泉，有了快乐，生活就永不干涸。

一个人如果没有太多不必要的干扰，没有太多追求不到的奢望，那么，他的人生就简单而纯粹多了。

生活从来不和任何人作对，要说和人过不去的话，那就是自己。

生活中，对无法改变的东西，要勇敢地接受它、适应它。不然，就自讨苦吃。

人应该生活在当下，而不应该生活在对未来的幻想中。

生活能去繁就简，说明你抓住了生活的本质和重心，并且省去了诸多不必要的麻烦和忧愁，使自己的心境真正得到了充分释放和愉悦。

生活中，任何完美都是在特定的环境下才会出现，所有事情都需要一定的契机才能展现其完美。无此，则不成。

其实，生活中的每件事都是美好的，要说不好，那只不过是你的看法和感受而已。

生活就是不断地找差距、补不足。

太好吃的东西往往伤胃。

好吃的东西不一定益身，好看的东西不一定实用。

赌徒不收手，最终无路走。

生活并不平静，平静了就不叫生活。

对为官者来说，脱离劳动，必然脱离群众；轻视劳动，必然好逸恶劳。

鱼虾落在墒沟里——小命难保。

敢向生活探路的人，才是生活的引路人。

生活累，缘于渴求高，或者忙无序所致。

生活如书，翻几页不读，不知其所以然，枉来人间。

从某种意义上说，困难教你知识、扶你成长。

生活不会事事处处都让人满意，但只要学会原谅生活，就不失为是一种胸襟和境界。

一个人要拥有美好的生活，就应该自觉培养感恩之心，凡说"没人给我任何东西"的人，无论他的生活是穷还是富，其灵魂都是贫瘠、苍白的。

生活太优越，人的上进心往

往就减退。

生活起伏跌宕，不曲折就不是生活。

平凡之中不平凡，生活处处有亮点。

亲近大自然、尊重大自然，并与大自然和谐相处，才能拥有健康、幸福、快乐的生活。

在特定的环境下，一个人能从生活中走出来，的确不容易。

生活中并不都是花，有时还带刺。

操心的事人人有，但不可事无巨细。

生活是一门永远考不及格的课程。

谁能品出生活的味道，谁就真的认识了生活。

其实，生活本身就是多元化的，就像人吃火锅一样，要辣、要麻、要咸、要淡全由自己选择。

谁被生活俘虏，谁就不是生活的强者。

说真的，自己努力了，生活才充实。

人总有失意和困惑的时候，但如果你能换一个角度去看待这个问题，那么，你就会发现其中还有不少明亮的东西，这时你也就不再为此感到失意和困惑了。

生活本身并不太累，说生活累的人恰恰是他本人活得太累。

谁对生活无愧对，谁一生活得就坦然。

生活就像芥末，刺鼻而提神。

戏从生活中来，没有生活，戏不精彩。

有时，稀奇的东西总是在意想不到中获得。

就同桌饮酒来说，各人的酒量和身体状况不同。如果有人不能喝或者不愿喝，就不要强迫他人去喝。不然，就是对人身体健

康的漠视。

凡对生活不抱幻想的人，其生活过得就充实，无痛苦，不失望。

谁想过安稳的日子，谁就要远离是非，更不要和坏人坏事沾边。

会生活的人才幸福。相反，则痛苦。

其实，行动才是生活的目的。

酒下肚、话敢说，不多不胡说。

罪（醉）因酒起，贪杯害己。

你可知道，浑身脏兮兮，最遭人嫌弃。讲究个人卫生，不仅会给他人带来好的印象，而且更

是为了自身健康的需要。

轻而易举得到的东西既不珍贵也不新奇。

醒眼窥醉鬼，饮酒忌贪杯。

揉到家的面，做出的馒头才好吃。

饭香佐料加，无盐菜不香。

不要光顾下海，还要注意暗礁。

生活不可能完美，完美了就没有了追求、没有了梦。

对养鸟的人来说，鸟给人声、人侍鸟鸣；和谐相处、乐在其中。

生活也需要欣赏，不欣赏就没有趣味和生机。

时　尚

时尚，既是一种趋势的导向，也是一种生活的态度。

通俗讲，时尚就是一个时期的领跑力量，或叫头羊。

记住：谁与时代貌合神离，谁就会被时代潮流所抛弃。

世事岂能随己愿，不顺潮流就落伍。

能与时代脉搏一起跳动的人，既有活力又有作为。

要知道，世界每天都是新的，人的思想也要与时俱进，不然，就会被时代所抛弃。

别怪时代变化快，而是自己已落伍。

能应时而变、摒弃陈旧观念，并随潮流而勇往直前，实乃一个人的聪明之为。

人怀旧是正常的，也是必要的，但要适可而止，既不能因怀旧而否定眼下的一切，也不能不吸收、借鉴前人所取得的成功经验。只有充分发挥怀旧心里的积极功效，才能更好地为当今时代服务。

能适时纠正、改变自己的想法和观念，既是一个人的聪明之举，也是一个人成长和事业发展的必需。

当你认识到自己落伍时，说明你已开始顺时代潮流而动了。

流行的东西人喜欢，但它不一定适合你。

人，千万别跟潮流较劲。顺者生存，逆者身亡。

时髦的东西总是有人跟随和效仿，但它不断变换、不断出新，永远跟不上。

一些人就这么怪，嘲笑时尚又追随时尚。

有时，时尚来了，不能逆转，只能顺应。

谁的心智不成熟，加上动手能力差，谁就无法适应瞬息万变的新形势和新要求。长此以往，谁就会被时代潮流所荡下。

时髦总当领跑者，不前卫就不是时髦。

从人们的穿着上，最能看出服饰市场的新潮流。

时髦这东西既有好的，也有坏的。跟不跟随，就看一个人的辨别能力了。

时髦，形象地说，就是旧冠换新帽。

时尚，犹如新款服饰一样，一上市，就有人赏识。

赶时髦要量力而行，无实力切不可硬追。

幸 福

只有为幸福积极创造的人，才有资格享受幸福。

破财而得福，是最值得、最该庆幸的一件事。

幸福不是吃穿好，而是心里甜不甜。

满地铺金子不一定幸福，人的精神充实和身体健康才是真正的幸福。

国家不强盛，人民难幸福。

人心空虚，难得幸福。

最愉悦的人最幸福。

先吃人间苦，再尝幸福果。

能生活在祖国的怀抱里，那是无比幸福和自豪的。

不想付出努力，就想得到幸福，纯属幻想。

能与人共享幸福比自己幸福更幸福。

福从干中来，享福先付出。

其实，幸福不念过去，也不想未来，只讲现在。

劳动的目的就是为了获取幸福。

人能收获自己创造的劳动果实最幸福、最快乐。

生命最美丽，快乐最幸福。

人生真正的欢乐和幸福，无不浸透在亲密无间的家庭成员中。无此，则无福。

心态不好，幸福不了。

物质富有而精神贫穷，是最不幸福的。

幸福不幸福，内心先感受。

有时，过程比得到更幸福。

幸福不是从天而降，关键靠实干。

幸福不是强加的，只要你能体会到幸福，那就是幸福的。

幸福不是用尺子裁量的，你认为幸福就享有幸福。

你可知道，极端自私的人，一辈子不幸福。因为，他老觉得别人总是欠他的，心理不平衡，怎么能幸福?!

高兴的指数越增加，人就越幸福。

一个人能被绝大多数人欣赏、信赖，既是一种荣耀，也是一种幸福。

没有勤劳，就没福享。

干不一定享福，不干绝没福享。

穷也好、富也罢，只要家庭平平安安、和和睦睦，那就是幸福。

人要懂得眼下幸福，不要等到失去了才后悔莫及。

凡事快乐就幸福。

吃好、穿好、住好、用好并非生活的全部，没有精神上的充盈和富有，就根本谈不上人生的幸福和快乐。

给予也是一种幸福。

宁跋涉于艰苦环境中，不陶醉于幸福生活里。

一个人能在和谐融洽的环境中学习、工作和生活，实属是一种幸福和快乐。

人从痛苦中走出来是幸福的，但由幸福跌入痛苦里那就让人难熬了。

人能一生相守，即使生活苦点，倒也觉得幸福。

以阳光的心态接纳生活，人最幸福和快乐。

生活需要理解，理解了才有幸福。

付出的艰辛能得到回报，就是幸福。

享　受

说白了，享受就是舒适、无求、惬意的那种感觉。

谁享受不到精神的快乐，谁就最痛苦。

一个人如果把享受作为追求的唯一目标，那么，迎接他的将是不幸的到来。

精神空虚，远比享受富贵更难受。

人享自由最幸福，禁锢最难受。

做非凡的事，享平凡的福。

最得意的是成功后的享受。

人的一切快乐的享受都是属于精神的。这种快乐能将忍受变为享受，实乃精神对于物质的一大胜利。

享受，乃劳动果实的馈赠。

其实，分享使人高兴，自己也受益。所以，懂得分享的人，才是聪明的人。

做事成功与否并不重要，而享受过程也是一种快乐。

享受生活必须创造生活。

能听一次风趣的谈话，也不失为是一种享受。

不劳而享用，可耻。

其实，世间有很多好东西不要花钱但它无价：阳光、空气、快乐、自然风景、幸福感觉……就看你懂不懂、会不会尽情享用。

享受是人之追求，过度享受会使人产生惰性，甚至变质。

享受快乐是人人不可缺少的精神食粮。

享受变奢求，内心最饥饿。

享受生活乐趣，永不自寻烦恼。

能得到观众或听众的热烈掌声，是每个演出或演讲者的最大快乐和享受。

饱受酸甜苦辣的人，才知生活之真味。

生活往往就是这样，遭罪越大，福享越大。

好东西不一定拥有，能欣赏就够了。

尝尽人生百味，才知生活艰辛。

创造生活比享受生活更有乐趣、更幸福。

平淡是生活的本质。享受平淡，也就找到了生活真谛。

人太舒服就厌倦。

健康是生活的起点，也是为了更好地享受生活。

有些东西，珍惜它，才能享受它。

金　钱

一件东西能值几个钱，决定权在人不在物。

把钱看得过重，迟早被钱打晕，甚至置于死地。

人追求钱没错，但不能刻意追求。要知道，人死了，钱再多，也无法带进棺材。

其实，赚钱不易，用好钱也难。

对唯钱视命的人看来，亲不亲，钱当家；没有钱，别攀近。不然，就会遭没趣。

"钱心"太重，必然导致忘记亲情、伤透感情，甚至更重。

就某种意义上说，有人缘就有金钱。

金钱是权力的依附，权力是捞钱的工具。

把钱视如命，是亲也忘净。

人没钱不幸，钱过多也不幸。

钱虽能买来很多东西，但它绝不能买来一切。

钱多不一定开心。因为，开心是人的内心感受，有钱只能买到身外之物，而买不到内心愉悦。

人需要金钱，但不能做金钱的奴隶。一个人只要有了这种想法，那么，他面对金钱就不会动心，也不会做出有悖于良心和道德的事来。

金钱如剑，能伤人，也能毁己。

在获取金钱财富上要取之有道，既能挣钱也会花钱，人才潇洒和快乐。

金钱买不到真心。

人一旦败在金钱面前，就会变得十分无耻和可恨。

事实上，钱不是万能的，用钱能解决的问题就不是问题。

道德是无法用金钱衡量的，而金钱却往往又在不经意间扮演了检验道德的试金石。这一点，不得不值得我们的深思。

心里踏实比拥有金钱更舒坦。

人没钱不行，有了钱无节制更不行。

钱多不一定幸福，钱少但快乐就是幸福。

一个人唯钱是图，或许一时得逞，但终将失掉。

依靠不正当的手段得来的钱财是肮脏的，也是行将掉入法网的必然之果。

金钱是幸福的帮手，但也是残害人身的杀手。

不要把钱用错地方。不然，它会惹祸的。

越有钱越吝啬，典型的守财奴。

一个希望赚大钱，且拥有了财富还希望赚更多钱的人，其内心一定是空虚的，并且缺乏安全感。

富人与穷人的生活方式不一样，其追求和爱好也不同。

人让金钱支配，人情就会变味。

用自己的汗水挣来的钱，花起来舒服和坦然。

不可否认，金钱是生活的必须、幸福的要素，但如果一味把它当作奢望来追求，干一些缺德丧良心的事情，那么不仅是道德血液的贫乏，而且是人生活、精神上的迷失和颓废。

挣钱就是为了消费，不消费就等于废纸一张。

节 俭

节俭是美德，吝啬人也烦。

节俭远比奢侈好。

摆阔的都是钱"烧"的。

窘在情面，穷在挥霍。

实际上，节俭是点滴的功夫。

勤发家、俭致富，一生勤俭人幸福。

节俭也是一种美德。

节俭，无论在什么情况下都不能丢弃。

勤俭，既是美德，也是力量。

节俭，既是一种美德，也是一种积累。

节俭是美德，浪费是犯罪。

一粥一饭汗珠换，丰产节粮备荒年。

节俭是一种美，节能也是一种美。

节俭是品位、是美德，更是一个人的修养体现。

即使年丰也不奢侈，节俭当在丰年之时。

不当家不知柴米贵，当家才知省着花。

持家不忘俭，日子过得甜。

节约一百元，就等于在银行存储一百元。

谁认为节俭是吝啬，谁就大错特错了。

省钱有钱，省米有餐。

"抠门儿"也比奢侈强。

挥霍浪费成乞丐，一生节俭不受穷。

节俭不仅穷者不忘，而富有者往往也懂节俭。

节俭成习最可贵。

吃不愁、穿不愁，节俭意识不能丢。

节俭不在多与少，一星半点也值得。

俭省节约不只是穷人的专利，全社会都要养成节约的习惯。

厉行节约既是一种良好的习惯，更是一种文明行为。节约离你我并不远，关键要有节约的意识。

一度电、一滴水，体现的是一种节约的意识，其意义也在于倡导一种节约的良好风气。

节约人人搞。这个人人，包括你、我、他，包括领导和群众，是全体不是局部。

节约是增收的添加。

手中有粮先节约，遭遇荒年有吃喝。

仓盈费点不显眼，粮见库底悔亦晚。

你拥的东西再多，也经不起天天挥霍。

一生多勤俭，生活最甘甜。

勤俭节约粮满囤，铺张浪费仓无米。

勤俭节余多，不愁吃与喝。

勤置财、俭持家，日子越过越发。

有钱就花，不会持家。

穷以勤俭而富足，富以奢侈而变穷。

省一文赚一文，不知节俭人受穷。

节约无小事，浪费最可耻。

节俭贵在自觉，催促只管眼前。

有的人收入不多，却出手阔绰，一旦没钱，就求人去借，这种人既不懂消费，也不会持家。

请切记，反对消费不能搞"一阵风"，必须要用长效、铁的制度约束公权。

对大手大脚的人来说，消费更要细盘算。

过俭人薄，过奢人堕。

贫　富

人穷无志终身穷，穷而有志富不远。

扶贫先扶智，治穷无智难致富。

与其给贫困人送钱送物济眼前，倒不如给其出个脱贫的点子挖穷根。

人穷不好，但穷是动力、穷则思变。知其穷，才有决心改变穷。

人穷志不短，富了施舍人。

人品不因贫而变节，相反，富了因富而变质。

穷不光荣，富不可淫。

有钱有智，才能赚更多财富。

财多不欺贫，权大莫压人。

一段经历就是一份财富，珍惜经历，就是积攒财富。

经历是宝，是真正属于自己的财贝。

富遭人妒，穷遭人欺。

快乐是财富，人不快乐不幸福。

能认同你的事业，并同你一

道拼搏，这样的人就是你的财富。

清白的财富才富有。

勤劳的手既是财富，又是资本。

败家子是财富的克星，再多的财富也能糟蹋净。

多欲为穷，寡欲为富。

好逸恶劳人受穷，勤奋耕耘最富有。

要知道，失败和教训是人生历练中不可或缺的财富。

俗话说，亲戚别供财，供财两不来。

穷人夸富自欺自。

积德行善是一种财富，而且是一种最宝贵的财富。

当财富成为构建物质和精神生活秩序时，方能使人在追求成功的过程中，发挥激发创业动机和激情的正面效应。相反，当财富成为一种既得利益时，反而财富会迅速挥发其腐蚀人心灵的负面效应。

扶贫扶志，治穷拔根。

不劳而获的财富是苦涩的。

精明的人最精明之处在于：拥有财富而能用好财富；愚笨的人最愚笨之处在于：拥有财富而死于财富。

浸透自己的汗水得来的财富才光荣。

富贵偏爱勤奋人。

运 动

活动益身体，不动易生疾。

运动促健康，乐观人长寿。

手脚动，健筋骨；人不动，易得病。

长期没空锻炼身体的人，迟早会有空躺在医院的病榻上。

勤可健身，懒易生病。

我运动我健康，我开朗我长寿。

水不流发臭，人不动生病。

别说锻炼身体没时间，只要你能把健康真当回事，就能挤出时间去锻炼。

身体健康、肌体强壮，最好的办法就是运动。

身健来自锻炼，锻炼不可断续。

谁能把运动当作像吃饭一样必不可少，谁就能把身体锻炼得很棒。

谁缺乏运动，谁身体就差。

劳动、运动、活动，是保持身心健康的三大法宝。

锻炼成习身体健，一日不动如断餐。

运动是强身的帮手。

运动是提升生命延续的动力。

人在适度的阳光下运动，有利健康。

与其说运动是为了健身，倒不如说运动帮我们在这个世界上活得更长。

健康离不开运动，运动是生命之源。

运动能使人浑身添劲，懒动能令人身体垮塌。

要想身体好，三样离不了：运动、休息、饮食调。

管住嘴巴、适当运动并辅以针灸，是减肥健康的有效方法。

要想身体棒，饮食、活动是"硬杠"。

生命在于运动，运动在于适度。

不怕人老、就怕病倒，强身健体最重要。

病来无精神，病去人抖擞。

保持健康多运动，幸福又长寿。

体动年轻，心静益寿。

锻炼以微汗为快，吃饭以八成为好。

健　康

健康乃无价之宝，是人类永恒的追求。

健康重要，年轻人最易忘掉。

健康乃幸福之源。

就疗病来讲，食疗比药疗更有益于健康。

人生最大的财富是健康。没有健康，也就没有财富。

小病不治酿大病，危及生命后悔迟。

身体都是一样的，健不健康有差异。

生命的活力在于健壮的体魄。

健康是人生的第一需要。不论一个人的才华多么出众，一旦失去健康的身体，人生的一切都将付诸东流。

人不可失元气，元气足了才精神。

健康比金子更宝贵。拥有健康，就拥有财富。

谁透支睡眠时间，谁的健康就会受到影响。

保持强壮的身体，既是对自己负责，也是对社会的责任。

不注意身体健康的人，就等于拿自己的生命当儿戏。

有了强壮的身体，比有座金山还重要。

关注人的心理健康不仅是一个医学问题，而且是一个能不能得以健康成长的问题。

人有健康虽不能得到一切，但没有健康必将失掉一切。

都说健康重要，可有些人忙起来却把它忘掉。

赌气有害身体，但它往往也能激人奋进，最终取得成功。

发怒以情绪失控开始，以损害自身健康结束。

健康与金钱不能画等号，要健康就不能用金钱来衡量。

偶尔熬夜难免。长了，就是"熬"命。

对饮酒者来说，讲情面拼身体，大可不必。

说到底，健康就是生命的拉长。人无健康，体衰早亡。

维系生命靠自己，健身第一条。

没有好的体魄，便没有快乐的生活。人有强壮的体魄，才有过人的精力。

病侵虚弱体，体壮病退让。

身体弱难以胜任工作，身体棒是干好工作的保障。

有病方知没病好，强健体魄最重要。

人有健康的体魄，世上就没有征服不了的一切。

纵有发达的头脑而无健康的体魄，要想成就一番伟业，那是非常困难的。

虚弱的身体，绝没有饱满的精神和旺盛的斗志。

对病体虚弱的人来说，体魄健康的人是最让其羡慕、渴求的。

体壮有人偎，病体他人嫌。

健壮的体魄是获取一切的根本。

再好的岗位，倘没有健康的体魄，就无法胜任。

富有在体健，体不健者难富有。

畏病添"病"，去病疗"心"。

蓬勃的朝气、使不完的劲头，乃身强体壮的明显标志。

当你频繁举杯的时候，可曾想过自己的身体是否允许？

精力充沛、活力再现，是一个人身体强健的外在表现。

懒　惰

人有依赖，进步不快。

败是懒"为"，成是勤"给"。

吃人施舍的，别怪人家小看你。

同磨磨蹭蹭的人一起做事，时间一长，就会把人带懒、拖散。

懒散看似消闲实为心累。

看啥啥难的人，就是不思进取的人。

大业难付懒滑之人。

成事人不懒，人懒事不成。

生活太安逸了，人也就被养懒了。

才智一旦被懒惰占了上风，它就一无所获。

人一旦养成惰性，那就很难改变。

若把一切都寄托在别人身上，你永远就是一个懦夫。

降不住懒惰就做不成事情。

凡混吃混喝之人，没有一个不是图安逸、怕出力的人。

习惯舒服的人最怕出苦力。

懒汉笔下无文字。

懒是苦的根，勤是甜的源。

舒服惯了人变懒。

虚度日子最累人。

一个人如果不愁吃不愁穿、整天无忧无虑，从未受过任何挫折和打击，或者一见困难就退却，那么，这人永远是个懦弱者，也永远做不了大事情。

舒适是养成懒惰的温床。

凡事说"不能"者，皆为懒人所为。

时间观念不强，乃懒人的一大特点。

休 闲

休闲读点书，闲中添乐趣。

富靠勤得来，福享休闲中。

休闲不是偷懒。休闲者忙而放松，偷懒者有力怕使。

没有娱乐就没有消遣，没有消遣就得不到休闲。

劳而不休，精力疲惫，体质下降，寿命缩短。

没有时间休息的人，迟早身体被拖垮。

劳逸结合好，工作效率高。

不会休息的人就不会工作，休息与工作必须相匹配。

别忘了，凡事能看开一点、

超脱一些，得到的将是潇洒、轻松、快乐的生活。

适当消遣是储备精力、干好工作的充电器。

一个人若能从休闲中获得更大的效益、更多的生命资本，对其精神和身体上的好处那就不言而喻了。

懂得取舍、适时放弃，并不为琐事而记心，是一个人获得内心平衡和快乐的最好选择。

人若清闲也无聊，干点轻活也快乐。

没有事干的清闲是枯燥、乏味、无聊的。

别忘了，生活快节奏要学会放松自己，并试着做一些其它运动，以偷得片刻休闲，消除工作压力和心中烦闷。

滋润心灵的是愉悦，伤害心情的是烦恼，人活着就要找快乐，千万别去寻烦恼。

学会解脱也是一种明智的选择。只有解脱，人才能得到自由和快乐。

看啥心都烦，何不找清闲。

当你感到自己活得很累的时候，你一定会感到周围的人活得也很累。

人要学会忙中偷闲，闲中有乐。

静思己过，闲不诽人。

劳动、享乐、休闲是生活的一种追求。

有情趣、有意义的闲暇才是精神上的真正休闲。

仪　态

着装得体、大方，既是交往、　尊重别人的需要，也是个人获取事业成功的基本素养之一。

其实，好东西也要好包装，包不包装大不一样。

美玉不修饰，修饰多余。

一表人才、衣冠楚楚，并不代表品德高尚心灵美。

事实上，择偶的致命弱点就是图人钱财或长相。

内心溢出的美比外表美更美。

对求职来说，穿着打扮很重要。要知道，装束整洁、仪表堂堂的人，要比不修边幅、稀里歪斜的人有更高的成功概率。

人要有仪态和姿态。仪态，往往透出人的内在修养；姿态常常能显出人的内心修行。

外表不盖眼球，内心必须细察。

一味追求时髦的外表服饰，反倒让人厌烦。

外表的疤痕易疗，内心的疮痍难治。

外表拖沓、衣着不整，说明这人做事既不利索，也不讲究。

根据你的体形再打扮，才够帅。

人的本色比任何修饰和打扮都自然得多。

改变了原有的容貌，这不叫修饰，这叫变脸。

不管你如何打扮，你仍旧还是你自己。

一个人的衣着打扮再华丽，总也逃脱不出服装设计师的裁制巧手。

对有些人来说，一定的修饰是必要的，不修饰就不俊俏。

透过穿着也可窥见一个人的精神状态。

不同流俗的气质，既来自人的内在修养，又来自其外在行为的显现。

人有品位，其风度也优美。

人能做到优雅大方很不易。因为，一个优雅大方的人，必须是一个有教养的人，有了教养后，才能谈得上修养；有了丰厚的修养，才能称得起优雅和大方。

气质，从近似意义上说，就是人的精气神。

气质和风度是模仿不来的。

有气质的女人，男人最羡慕；没有气质，女人的韵味也就少了许多。

人有气质才精神。

衣服能遮体，但遮不住人的风度和魅力。

人有魅力能让人倾注，犹如人们心目中的偶像，谁也挥之不去。

打扮仅在外表，魅力征服

不了。

风度不是装出来的，而是人的学识、素养、气质等方面的综合反映。

一个人能接受另一个人，不仅能接受他的形象，更重要的是能接受他的为人、他的品质和魅力。

魅力有很强的吸引力和感召力，令人痴迷、让人入醉。

风度要翩翩，作风要踏实。

一个人的风度如果能辅以学识和教养，那就更令人钦佩。

风度不仅显现于外在的庄重和大方，而且更体现于内在的气质和修养。

气质靠修炼，美貌可打扮。

事实上，气质、魅力比漂亮更能征服人。

美　丑

丑是相对的，绝对的丑是没有的。

其实，越丑的东西越让有些人感到好奇。

有才遮人丑，人丑内秀丑为优。

打扮美逊于自然美。刻意打扮不仅不能引起别人的喜欢，反倒让人有一种厌恶的感觉。

美能遮丑，但要警醒。

美丽是把双刃剑，既能促人上进，也能拉人下水。

美的本质就是质朴无华，啥样就是啥样，很自然。

别忘了，美女公关要比男人占优势、讨巧多。

丑人扮美，表面漂亮、实质丑陋。

美在人心，不在脸蛋；心不正，人不美。

某些人或事能让人感觉美，那才真美。

美，只有原生态，才是真实的。

人对美丑各有看法，同一标准绝对没有。

美不自然人腻烦。

世界观决定人的审美观，审美观能折射出人的世界观。

美只是感受，没有标准。

丑经涂抹不是美，而是恶心。

要知道，可爱并非人貌美，貌美是因人可爱。

景很美，美不过黄山；人再亲，亲不过爹娘。

美，需要衬托。没有衬托的美，没有。

爱美是人性不可缺少的部分。

美无处不在。审美的关键就在于会不会欣赏和发现。

凡有审美意识和审美趣味的人，对大自然的美都有一种由感性到理性的升华，并艺术地再现自然美。

美在自然，别的不是。

美是无人不需，美好生活要靠自己打理。

爱美人之天性，但过于讲美就适得其反、令人生厌。

对女性来说，一味爱美是要付出代价的，甚至是无法挽回的代价。

美能悦心，也能伤人。

养 性

抛去内心杂念，生活过得才轻松、愉快。

欲望越淡，心理越安。

修身严谨，养性放松。

人老有兴趣，缓老又长寿。

心静者，得自由。

修心和处事看起来风马牛不相及，但它们有一个共同的特点，那就是静。静心可养性，静心处事稳。

事实上，人迷茫都是因心不静而导致。

合理膳食益健康，动静有节寿命长。

以平常心对人对事，事才顺、心才安。

想得开才能放得开，放得开才能心情愉悦延衰老。

人心不平和，浮躁断肝肠。

心无浮动，静观人生。

烦事不入心，福享快乐中。

有病方知无病好，防病应在没病前。

平和看事，心宽自安。

一切美好生活的享受，都离不开一颗明亮、平和的心，忧愁、焦虑和烦恼无缘享有。

内心快乐最怡然。

人拥有金钱未必得到快乐。保持知足常乐的心态，才是淬炼心智、净化心灵的最佳选择。

有气快消，不消病倒。

人不论在什么环境下，只要懂得并珍惜自己所处的位置，就不会想入非非，就容易自我知足、活得开心。

人对某种东西要求过高，其心理负担也就越重。

身体健康靠自己，酒色财气要注意。

多食伤胃，多疑伤神。

人生有尽，精力有限，烦事不往心里记，自寻快乐养身体。

请记住：人过度忧虑既损容貌又伤身体，使人变老更快。

切不要为别人的获取而不满，要多为自己的拥有而开怀。

一个人如果能始终保持一颗平静的心，不为纷繁的事所扰，那么你就将变得更轻松、舒心、和惬意。

知足常乐是调适心理"疾病"的最佳良药。"知足"，人就不会有非分之想；"常乐"，人便能保持心理平衡。

一个人能学会换个角度看人生，你就能从容坦然地面对生活、面对一切，这既是一种突破、一种解脱、一种超越，也是一种更高层次的淡泊宁静，从而使自己能够获得更为自由自在的乐趣。

不眷身外物，遇事想得开，这不但是超越世俗的大智大勇，也是放眼长远的豁达胸怀。谁能做到这一点，谁就活得轻松和自在。

谁想生活得轻松，谁就要学会放弃；什么都不想放弃的人，一辈子也别想轻松。

什么东西能使人延缓衰老？我告诉你一个秘密，那就是：快乐、希望和爱心。

其实，善养静气既是一种修养和自觉，也是一门必修课。一个人若能做到善养静气的话，那么就能多一些清醒慎重，少一些盲目武断；多一些从容淡定，少一些手忙脚乱；多一些敬业苦干，少一些追逐名利。这样，无论是对做事还是对养身，都是大有好处的。

事实上，人有平心静气的心态，不仅能反映出一个人的心理成熟度，更能展示出一个人稳健、持重的处事风格和做派。

现实中常有人埋怨自己的命运不佳、生活不顺。其实，我们应该冷眼看不幸，这样做并不说明不幸已不存在，相反，就是要求我们把心情放平些、放开些，让自己在比较中得到心灵的慰藉与安宁。

通则顺、气则堵，通气才能心情舒。

无求则安，寡欲增寿。

人就是这样，换个角度看人生，你就不会为战场失败、商场失利、情场失意而颓废，你就能从容坦然地面对生活、看待一切。

其实，知足就是对现实生活的欣然接受，是一种成功的处世艺术。懂得知足，就找到了快乐。反之，则忧愁。

说到底，心理平衡就是一种理性平衡，是人格升华和心灵净

化后的崇高境界，是宽容、远见、睿智的集中体现与结晶。

无论什么事都不能老窝在心里，心要放宽一点、想开一点，人活得才能更轻松一些。

人要安静，莫过于心灵上的安静。只要内心不浮躁，一切就会恬静和美好。

人不要封闭自己，要主动与人交流，才能得到快乐。

操心操在正事上，不该操心别费神。

其实，有钱也好、无钱也罢，只要心安就够了。

有的事今天看来是事，过些时日再看这事就不算事。因此，人应该学会放松、洒脱、开心一点为好。

人长得潇洒不如人活得轻松。

升职也好、平调也罢，这些都是身外之物，唯一需要的是，保持一颗平常健康的心。

遇事不气难控制，快速消气最聪明。

看淡名利、抛弃烦恼，让心灵回归宁静，人才快乐和悠闲。

人要愤怒，伤其身的不是别人而是自己。

健身以寡欲为要，心静而不妄动，闭目养神，健康长寿。

一个人能学会自我安慰、自觉保持超然平衡，实乃身心健康的一大秘方。

心累比身累更累。因为，身累好缓解，心累最难熬。

清心寡欲想事少，越活越年少。

顺其自然不容易，真正做到心自安。

心情开朗生病少，人常生气病缠身。

什么事都不要看得过重，心态平和最重要。

一个人只要心中有爱、心存感恩，就会对社会、对他人多一些奉献、少一些索取，多一些宽容、少一些计较，就会知足常乐、弃之忧愁。

以惭愧之心反省自己，以平常之心对待生活。

人生总有不平事，人遇不平笑处之。

成功不狂热，失败不意冷，还心灵以宁静。

愉悦的心情是滋养身体的最佳营养品。

为别人急而实际上毁的是自己，何必？

心情好、人健康，长生不老。

其实，能减轻自身压力的办法很多，其中最重要的一条就是：不对自己没有把握的事向人承诺。

生活有度人添寿，相反，则寿减。

养心以寡欲为好，多欲则有损健康。

人活开心最幸福，苦闷最痛苦。

人想太多负担重，去之忧虑人轻松。

成也心态、败也心态，心态平和最给力。

适 中

欲望是一种动力，宜适度、勿过度。

话不在多，中用就好。

常说没空休息的人，正说明他该抽空去休息。

事事顺不可能，放宽心人轻松。

琴棋书画冶精神，挥笔涂鸦乐其中。

心病来自"心动"，心不动者，除心病。

凡事不能不及，也不能太过。

高矮有比照，过高过矮都不宜。

吃多伤胃，酒多伤身。

办事小心是对的，但不能小心过头。

读书贵多但不滥，吃穿讲究但不过。

要知道，任何人都或多或少地受天赋、出身、教养、环境，以及身体状况等多种因素的制约和影响，要达到时时事事都能强于他人、超过他人，那是几乎不可能的，也是不现实的。因此，人还是务实点好，切莫做出有违自身条件和能力的事情来。

要知道，凡事都有一个度和量，过分执着、不懂变通，往往适得其反，良好的愿望达不到预想的结果。

食而有味当节制，过于食之伤其身。

对人对事宽容度要大，但不能过大，过大就会适得其反。

对领会意图快的人来说，只要话点到，就不必再多说。

吃饭、做事都要把握个度。当人饿了的时候，解决这个问题并不难，但当人吃撑了的时候，解决这个问题就有点棘手了。

凡事做到恰如其分，说明此人很有能力。

对人不能太盛，逼极了也会反抗，尤其是为官者应当记住。

做事虽有一定把握，但还是留点余地为好。

人心要充满甜蜜，要笑不要狂笑，有节制才有健康。

事实上，饭吃得过饱会使人

发困，酒喝得过多会让人失去理智。因此，凡事都要讲究个度，过多过少都不好。

一个人对某种追求，在力不能及的情况下，最好还是适可而止。不然，事与愿违，落个怨恨，何苦？

想得到而没得到心中是个遗憾，但得而适、适而止才是真正的想得到。

凡事都要有个"度"，没"度"就要出乱子。

"表面中立、背后偏向"，这是自称中立者对待矛盾双方争端上的一贯做法。其目的就是激怒一方、使事态扩大化，一方面坐山观虎斗，另一方面渔翁得利，这就是这种人所玩弄的真实伎俩，千万不能上当。

适合的才是最好的。

客气过度人也烦。

人的一生发展，只要能走对路子，那就是适合自己的。

其实，奖励不宜过多过滥。奖励不当，不但不能起促进作用，反倒会引起不公平，挫伤人的积极性。

事实上，好的过头和坏的过头，同样都是不对头。

人温柔但不要软弱，柔中带刚最适合。

悲欢离合人常遇，适度把握益身体。

关爱有度知情恩，过于溺爱则成恨。

凡事要有度，过了就有害。

人过度高兴，往往会招致不幸。

忧喜过度伤自身。

要知道，食之有度、过则无益，吃东西要以适量为宜。

其实，节省是美德，但过度节省是吝啬。

能吃锅头饭，不说过头话。

由衷的话

　　《人生心语》是继《人生悟语》（人民出版社 2010 年版）之后、同类体裁延伸扩展的又一部励志之书，旨在让更多的人从中得到启示。

　　本书出版承蒙一些专家学者和朋友们的关心支持：北京大学社会学系教授、博士生导师、教育家、社会学家夏学銮在百忙中为本书写序，资深报人、《安徽日报》高级编辑李相敏就书稿文字作了修改把关，年近八旬的王忠东前辈不辞辛苦帮笔者编排、整理、校对书稿，并负责联系出版事宜。另外，还得到严文君、王忠远、刘静、王娟、刘馨檑等同志的鼎力相助，在此一并表示衷心感谢。

　　由于本人水平有限，加上付梓仓促，书中不足或讹误之处在所难免，敬请读者批评指正。

作　者
2013 年 12 月